Interim Manager berichten aus der Praxis

KI-Einsatz in Unternehmen: Chancen, Risiken, Erfolge

Autor: Eckhart Hilgenstock

Reihe: Von Interim Managern lernen

Herausgeber: Dr. Harald Schönfeld

Bei dem vorliegenden Buch „KI-Einsatz in Unternehmen: Chancen, Risiken, Erfolge“ handelt es sich um einen auszugsweisen Sonderdruck aus dem Sammelband „Künstliche Intelligenz als Business Booster für Unternehmen – Interim Manager berichten aus der Praxis“, an dem insgesamt elf Autoren mitgewirkt haben: Dr. Harald Schönfeld, Eckhart Hilgenstock, Ulvi I. Aydin, Falk Janotta, Melanie Heßler, Udo Fichtner, Klaus-Peter Stöppler, Jürgen Kaiser, Oliver Strass, Dr. Albert Schappert und Klaus Becker.

n dem hier vorgelegten Auszug werden die Entwicklung und betriebliche Einsatz von KI in den Mittelpunkt gerückt, es sich dabei um besonders wichtige Aspekte des Gesamtes handelt.

Herausgeber der Reihe „Von Interim Managern lernen“ dem Fachbuchautor und Interim Manager Eckhart Hilk, dass er sein wertvolles Know-how auch über das rk hinausgehend für das hier vorliegende Buch zur g gestellt hat.

Eckhart Hilgenstock
Interim Executive

Interim Manager berichten aus der Praxis

KI-Einsatz in Unternehmen: Chancen, Risiken, Erfolge

Mit einem Vorwort von Hang Nguyen,
Generalsekretärin Diplomatic Council, und einer Einführung von
Dr. Harald Schönfeld, Gründer und Geschäftsführer United Interim

Reihe „Von Interim Managern lernen“

Herausgeber: Dr. Harald Schönfeld

Diplomatic Council Publishing

1. Auflage 2024

Hinweis zu gendergerechter Sprache

Dieses Werk ist ein Fachbuch ohne politische oder gesellschaftliche Ambitionen. Da jedoch die Frage nach gendergerechter Sprache häufig als Ausdruck einer gesellschaftlichen Haltung verstanden wird, ist es den Autoren und Autorinnen, die im Verlag des Diplomatic Council veröffentlichen, ausdrücklich freigestellt, nach eigenem Gusto zu gendern oder auch nicht.

Von Seiten des Verlages bleibt festzustellen, dass in allen unseren Büchern mit dem generischen Maskulinum, also zum Beispiel „Interim Manager“, stets die sexusindifferente Bezeichnung gemeint ist, also alle Geschlechter. Abweichungen von dieser Regel werden sprachlich eindeutig gekennzeichnet, etwa durch Worte wie zum Beispiel „männlich“ oder „weiblich“.

Bibliografische Informationen der Deutschen Nationalbibliothek

Die Deutsche Nationalbibliothek verzeichnet die Publikation in der Deutschen Nationalbibliografie; detaillierte bibliografische Daten sind im Internet über http://dnb.d-nb.de abrufbar. Printed in the Federal Republic of Germany.

Gedruckt auf säurefreiem Papier.

Gestaltung, Cover, Satz: IMS International Media Services, Wiesbaden

Print ISBN: 978-3-98674-114-3

E-Book ISBN: 978-3-98674-115-0

Danksagung

Ich danke meinem langjährigen Lektor Benjamin Wulff, der mich bei diesem Buch ebenso wie bei meinen vorangegangenen Veröffentlichungen stets mit einem feinen Gespür für Sprache und Stil begleitet hat. Mit Geduld und Hingabe hilft er, aus meinem mit *termini technici* gespickten Fachjargon ein gut lesbares Werk zu formen.

Eckhart Hilgenstock

Inhalt

Vorwort **9**

Von Interim Managern lernen **11**

- Interim Manager: Was ist das und worum geht es? 11
- Interim Manager: Experten für die Umsetzung 17
- Einsatzfelder und Besonderheiten 20
- Buchreihe praxisorientierter Umsetzungsexperten 22

KI: Geschichte, Anwendungen, Herausforderungen **27**

- Einleitung: Als uns die Zukunft einholte 28
- Eine kurze Geschichte der Künstlichen Intelligenz 32
- Generative KI: Produktivität, Kreativität, Innovation 42
- Praktische Anwendungen von KI 51
- Chancen und Herausforderungen von KI 59
- Zukunftsausblick und Empfehlungen 75

Management-Umfrage KI in DACH **79**

- Manager: KI überwiegend positiv 79
- KI bei wichtigen Entscheidungen 80
- Jobgefahr vor allem im unteren Management 81
- Manager akzeptieren KI an der Spitze 82
- Der KI-Impuls ist im Topmanagement angekommen 83
- KI ist nicht so objektiv wie man vermuten könnte 84
- Hohe KI-Awareness im Mittelstand 85
- Wo die Wirtschaft KI einsetzt 87
- Chancen und Risiken 88
- Europa ist Schlusslicht bei KI 90
- Datenschutz als Damoklesschwert über KI 91
- Startschuss für die Umsetzung verzögert 92
- Manager: mehr KI in der Politik 92
- Weniger Bürokratie, mehr Demokratie 93

KI-Glossar **95**

Autorenverzeichnis **141**

Dr. Harald Schönfeld 143
Eckhart Hilgenstock 145

Bücher im DC Verlag **147**

Besondere Empfehlung für alle Interim Manager 147
Fachbücher „Von Interim Managern lernen“ 147
Sachbücher 150

Über Diplomatic Council **155**

Über United Interim **157**

Vorwort

Es gibt keine anderen Führungskräfte als Interim Manager, die im Laufe ihres Berufslebens so viele Unternehmen und so viele verschiedene unternehmerische Herausforderungen kennenlernen. Um dieses geballte Know-how zu bündeln und einer breiteren Fachöffentlichkeit zugänglich zu machen, haben sich das Diplomatic Council und United Interim zusammengetan und die Buchreihe „Von Interim Managern lernen“ ins Leben gerufen. Der aktuelle Band über Künstliche Intelligenz von Eckhart Hilgenstock steht exemplarisch für die Bedeutung und die Kompetenz der Reihe.

Das Diplomatic Council (DC) ist ein globaler Think Tank mit Beraterstatus bei den Vereinten Nationen (UNO); United Interim (UI) ist das führende Netzwerk qualifizierter Interim Manager im deutschsprachigen Raum. Der Herausgeber der Buchreihe, Dr. Harald Schönfeld, ist zugleich einer der Gründer und Geschäftsführer von United Interim; er kennt daher dieses Marktsegment besser als irgendein anderer. Dieses Know-how gepaart mit einem über viele Jahre entwickelten, vertrauensvollen und persönlichen Verhältnis zu praktisch allen qualifizierten Interim Managern von Relevanz im deutschsprachigen Raum gewährleistet, dass in der Buchreihe „Von Interim Managern lernen“ nur die Besten der Besten zu Wort kommen.

Das Thema des vorliegenden Bandes ist an Aktualität und Auswirkungspotenzial kaum zu überbieten. Künstliche Intelligenz wird in praktisch jedem Berufsbild und jeder Branche zu massiven Veränderungen führen. Ohne dem Inhalt dieses Buches vorzugreifen, seien hier nur einige wenige Stichworte aus dem Themenspektrum genannt: Grundlagen, Vergleich der KI-

Modelle, Anwendungen, Industrie 4.0, Maschinenbau, Logistik und Supply Chain Management, Versicherungswirtschaft, Forschung- und Entwicklung, Energiewirtschaft, Klima- und Umweltschutz, Nachhaltigkeit, Dienstleistungssektor, Qualitätsmanagement, Verkehrs- und Mobilitätssektor, Robotic Process Automation (RPA), Medizin und Gesundheitswesen, Landwirtschaft, Abfallwirtschaft, Stadtplanung, Marketing und Vertrieb, KI und Kreativität, Auswirkungen auf den Betriebsalltag, neue Geschäftsmodelle, Datenschutz, Ethik, Diskriminierung, Cybersicherheit, Fake News und Deep Fakes, Arbeitsmarkt und Umverteilung, politische, gesellschaftliche und wirtschaftliche Herausforderungen, Zukunftsausblick und Empfehlungen.

Das vorliegende Buch erscheint genau zum richtigen Zeitpunkt, um den Entscheidungsträgern in der Wirtschaft mit Erfahrungsberichten über die KI-Nutzung und praxiserprobtem Rat zur Seite zu stehen. Noch besser: Wer über den Rat hinaus tatkräftige Unterstützung bei Strategie und/oder Umsetzung benötigt, kann den Autor dieses Buches direkt ansprechen. Sein Profil inklusive Kontaktdaten befindet sich am Ende des Werkes. Denn Eckhart Hilgenstock ist zwar ein erfolgreicher Autor, aber in erster Linie ein kompetenter Interim Manager, der nicht nur mit Rat, sondern vor allem auch mit Tat zur Seite steht. Der Herausgeber Dr. Harald Schönfeld gibt in seiner Einführung einen fundierten und umfassenden Überblick, wie Unternehmen Interim Manager für sich nutzen können.

In diesem Sinne wünsche ich diesem Band einen guten Start, mögen die geneigten Leserinnen und Leser ein Maximum an Nutzen aus der Lektüre ziehen.

Hang Nguyen

Generalsekretärin Diplomatic Council

Von Interim Managern lernen

Einführung von Dr. Harald Schönfeld, Gründer und Geschäftsführer der UnitedInterim GmbH

„Es ist eine Kunst, wie professionelle Interim Manager wie Eckhart Hilgenstock Menschen und Organisationen in dynamischen Märkten durch Prozesse der Veränderung führen, sie dabei stärken und ihnen konkret in ihrem Praxisalltag an der Seite stehen, bis sie ihre definierten Ziele erreicht haben. Dann geht es weiter zum nächsten Mandanten."

Interim Manager: Was ist das und worum geht es?

Zeiten voller Umbrüche sind voller Herausforderungen. Da sind zum ersten im Umfeld der Unternehmen die Krisen und unvorhersehbaren „Schwarzen Schwäne" wie die Pandemie, kriegerische Auseinandersetzungen in der Ukraine und im Nahen Osten, die Lieferengpässe durch geopolitische Entwicklungen oder die Energiepreisentwicklung. Die Inflation und der Fachkräftemangel kommen hinzu.

Zum zweiten gibt es beinahe fortlaufend neue regulatorische Anforderungen; der EU AI Act zur Regulierung des Einsatzes von Künstlicher Intelligenz (KI) ist nur eine von vielen Änderungen der gesetzlichen Rahmenbedingungen, die von Unternehmen aufwändige und rechtzeitige Umstellungen erfordern. Aber auch Kunden, Mitarbeitende und andere Stakeholder wie Investoren fordern „Nachhaltigkeit" (ESG) im Wirtschaften. Zum dritten sind technologische Sprunginnovationen zu nennen, die alles verändern, wie die Künstliche Intelligenz, die in diesem Buch im Mittelpunkt steht. Bei all diesen Entwicklungen besteht die hohe Schule der Unternehmensführung darin, Themen wie Liquidität, Kosten, Profitabilität und Wettbewerbsfähigkeit im Blick zu behalten.

Ein Konzept, all diese Komplexität (noch) fassen zu können, ist das BANI-Modell. Es ist eine Art „Steigerung“ von VUCA. Das BANI-Modell beschreibt eine neue Welt, in der die alten Werte und Regeln nicht mehr gelten. Im bekannten VUCA-Konzept ist alles (nur) volatil, unsicher, komplex und ambivalent. BANI, veröffentlicht unter dem Eindruck der COVID-Pandemie im Jahr 2020, geht noch einen Schritt weiter:[1]

Brittle (spröde, brüchig): „Brittleness“ soll verdeutlichen, dass es nicht mehr (allein) um Volatilität geht, wie im VUCA-Modell. Es ist vielmehr mit plötzlichen und unvorhergesehenen Erschütterungen zu rechnen, die bis hin zur Zerstörung eines vermeintlich stabilen Systems gehen können.

Anxious (verunsichert): Für Menschen, die in so einer Welt leben, wird diese immer beängstigender. Auf der Gefühlsebene kann das zu Ohnmacht und Hilflosigkeit, also einer Art Angststarre, führen. Es kommt hinzu, dass diese Ängste noch medial durch Desinformation und Fake News verstärkt bzw. bewusst ausgelöst werden.

Non-linear: Damit ist gemeint, dass sich in der Wahrnehmung der Menschen die (verstehbaren und nachvollziehbaren) Zusammenhänge von Ursache und Wirkung entkoppeln oder disproportional zueinanderstehen. Eine vermeintliche Kleinigkeit kann riesige, komplexe Konsequenzen nach sich ziehen – in

---

[1] Cascio, Jamais (2020): Facing the Age of chaos. https://medium.com/@cascio/facing-the-age-of-chaos-b00687b1f51d

manchen Fällen auch erst zeitlich verschoben. Und die Gründe dafür können auch nur noch bedingt identifiziert werden.

Incomprehensible (unverständlich): Dieser Punkt betrifft die Fähigkeit des menschlichen Verstandes, die Informationen in ihrer Komplexität und schieren Menge überhaupt erfassen und verarbeiten zu können.

Es wird deutlich, dass Unternehmen in einzigartiger und zunehmender Weise gefordert sind, die für sie relevante Welt zu verstehen, Antworten auf neue Zukunftsfragen zu finden und dann in ein zielgerichtetes „Tun" zu kommen. Somit wird die Fähigkeit zur Veränderung, zur „Transformation" zu einer zentralen Kompetenz von Unternehmen und deren Führungskräften.

Die zügige und sichere Umsetzung von Veränderungen ist jedoch etwas, das auf der Managementseite andere oder zusätzliche Arbeitskapazitäten und Kompetenzen erfordert, als bewährte und in der Vergangenheit erfolgreiche Prozesse und Routinen in immer weiter optimierender Weise auszuführen – manchmal auch nur für eine bestimmte Aufgabe, eine bestimmte Phase oder einen definierten Zeitraum. Das führt beinahe zwangsläufig zu Engpässen.

Der erste Engpass liegt – vor allem im Mittelstand – häufig bei den Kapazitäten: Bewährten Führungskräften im Hause können nur selten neben ihrem Tagesgeschäft noch weitere Projekte auf die Schultern gelegt werden. Die Managementkapazitäten sind zumeist „auch schon so" komplett ausgereizt.

Der zweite Engpass betrifft das Wissen: Gerade bei neuen Themen sind aktuelles Know-how oder eine Spezialkompetenz notwendig. Beides muss zügig im Unternehmen verankert werden, denn der Markt wartet selten. Aufwändige und zeitintensive Weiterbildungen oder die Rekrutierung spezialisierter Experten am Arbeitsmarkt sind nicht immer die Lösungen der Wahl, wenn die Zeit drängt.

An dieser Stelle kommen Interim Manager wie der Autor Eckhart Hilgenstock ins Spiel: als Experten für die Gestaltung und Umsetzung von Transformationen – und den damit einhergehenden Auswirkungen auf das Personalwesen.

Das Besondere an ihnen sind nicht nur der zeitliche Faktor, also eine Tätigkeit „ad interim", und die kurzfristige Verfügbarkeit mit einem Projektstart innerhalb weniger Tage. Hinzu kommt ihre in vielen Berufsjahren und vielen Projekten erworbene Erfahrung,

- was in der Praxis – und nicht nur in Hochglanzbroschüren oder auf den bunten Charts von Consultants – wirklich funktioniert, und

- wie die betreffenden Menschen und Organisationen dorthin gelangen, und zwar möglichst sicher (Quality), möglichst zügig (Time), bei vertretbarem Aufwand (Costs) – und möglichst nachhaltig in der Wirkung.

Es gibt wohl kaum eine Berufsgruppe, die mehr über die betriebliche Praxis weiß als Interim Manager. Weil sie im Laufe ihres Berufslebens viele verschiedene Unternehmen sowie unterschiedliche Situationen und Herausforderungen kennen lernen, stellt ihre Erfahrungen und ihr Know-how einen wahren Schatz dar.

Bei Transformationen, bei denen im Alltag durchaus Emotionen, „innere Welten“ und Unternehmenspolitik eine Rolle spielen, profitieren ihre Auftraggeber vor allem von

- ihrer neutralen und nur der Aufgabe verpflichteten Sichtweise,
- ihrer Nicht-Eingebundenheit in politische Konstellationen, „Seilschaften“ oder gar „Königreiche“,
- den fehlenden Karriereinteressen in eigener Sache,
- einer besonderen, projektorientierten Arbeitsmethodik in Veränderungsprozessen, und
- einem vertrauensbildenden Track Record, ähnliche Aufgaben an anderer Stelle bereits mehrfach erfolgreich bewältigt zu haben.

Wird all dies kombiniert mit

- aktuellem Wissen rund um das Fachthema (erworben unter anderem durch kontinuierliche Weiterbildung), und
- einer Sensibilität für die jeweils vorliegende Unternehmenskultur mit der Fähigkeit, in den Worten die passende Ansprache und im Handeln das notwendige Vorbild sein zu können,

dann prädestiniert es Interim Manager geradezu, ein wichtiger oder gar federführender Teil der Erfolgsstory von Transformationsprozessen zu sein.

Es soll ergänzt werden, dass Interim Manager, die Transformationsprozesse (etwa rund um Künstliche Intelligenz) erfolgreich für andere umsetzen, auch für sich selbst die Kompetenzen bzw. persönliche Reife entwickelt haben müssen, die Spannungen, Konflikte, Diskussionen und Unsicherheiten auszuhalten, die Veränderungen mit sich bringen. Meist stehen persönliche Erlebnisse hinter den Kompetenzen. (*„Habe ich selbst auch schon erlebt – Ich kann nachfühlen, wie es Ihnen jetzt geht“.*) Das kann im Hinblick auf eine Vorbild- bzw. Führungsfunktion – insbesondere für Mitarbeitende, die in unsicheren Zeiten durchaus Empathie und Orientierung schätzen – zusätzliche Sicherheit und Vertrauen geben, einen neuen Weg zu beschreiten.

Interim Manager unterstützen Unternehmen indes nicht nur bei der Umsetzung „normaler“ Transformationen. Sie können ebenfalls – quasi projektbegleitend und als Zusatznutzen – für nachhaltige Resilienz sorgen.

Dazu gehört das bewusste Einbauen von Redundanzen und Sicherheitsnetzen in die Prozesse. Oder sie fördern die Entwicklung von Antifragilität: Das betrifft die Fähigkeit von Unternehmen, als Ergebnis von Schocks, Volatilität, Fehlern, Störungen, Angriffen oder Ausfällen zu wachsen und zu gedeihen. Dazu gehört der Mut, bisherige Wege zu verlassen, zu lernen und sich auf Neues in all seiner Unsicherheit einzulassen. Die Einführung von KI in ein Unternehmen lässt sich durchaus als Aufbruch in eine „neue Welt“ verstehen.

In den meisten Fällen kann ein Interim Manager sein Wissen zudem an das Team weitergeben und dafür sorgen, dass der interne Kompetenzaufbau zügig und praxisbezogen klappt. Gutes Interim Management beinhaltet damit noch einen ganz pragmatischen Know-how-Transfer on the job. Das betrifft nicht nur neues fachliches Wissen. Mitarbeitende und Kollegen in der Unternehmensführung, die einen Transformationsprozess zusammen mit einem Profi durchlebt haben, lernen rund um vier Fragenkomplexe:

(1) Einstellung: Wie verhalten wir uns, wenn wir nicht mehr zielführende Gegebenheiten im Unternehmen feststellen? Wie gehen wir dabei mit liebgewordenen Routinen und Denkhaltungen um, die in der Vergangenheit durchaus erfolgreich waren, nun aber nicht mehr richtig weiterhelfen?

(2) Emotion: Wie können wir uns kontinuierlich emotional darin stärken, uns auf Neues (durchaus nicht ungeprüft) einzulassen? Wie erarbeiten wir uns dabei ein notwendiges Maß an innerer Sicherheit und wie können wir dies spüren?

(3) Methodik: Wie erweitern wir unseren Werkzeugkasten im Management um Methoden, die Anforderungen einer zunehmend sichtbar werdenden BANI/VUCA-Welt systematisch in unserem Unternehmen zu verankern, auch wenn das gegebenenfalls im ersten Schritt zusätzliche Arbeit und Investitionen betrifft?

(4) Zukunftssicherung und Erwartung weiterer Veränderungen über die heute zu lösende Situation hinaus (Prävention): Wie sorge ich für nachhaltige Resilienz und Antifragilität im Unternehmen – auch wenn das in einem Quartal Geld kostet? Was kann ich vielleicht mit kleinem Aufwand schon heute gleich mitmachen?

Interim Manager: Experten für die Umsetzung

Den Begriff „Interim Manager“ gibt es im deutschen Sprachraum seit mehr als 40 Jahren. In dieser Zeit haben sich die Aufgabenstellungen und Rollen natürlich verändert, für die

Interim Manager engagiert werden – ebenso wie die Kompetenzen und Qualifikationen, die notwendig sind, um Mehrwert zu erzielen und langfristig erfolgreich zu sein. Standen am Anfang in erster Linie die Restrukturierung und Sanierung sowie Projekte auf oberster Unternehmensebene im Vordergrund, die hauptsächlich von Männern kurz vor oder nach der Pensionierungsgrenze durchgeführt wurden, so ist es heute eine vielfältige, bunte Mischung an Themen geworden. Interim Manager sind zudem in ihrer Gesamtheit weiblicher und jünger geworden. Die vielen Projekte im Personalbereich – eine statistisch überwiegend weibliche Domäne – stehen als Beispiel für zunehmend mehr Frauen, die sehr erfolgreich als Interim Manager tätig sind.

Die Online-Ausgabe des Gabler Wirtschaftslexikons gibt folgende Definition (Interim Management, 2018):

Beim Interim Management arbeiten selbstständig tätige Interim Manager für einen definierten Zeitraum (üblicherweise 3-18 Monate) i.d.R. in unternehmerischer Verantwortung in einem Unternehmen in einer Führungsposition der ersten und zweiten Ebene. Interim Manager werden in unterschiedlichen Situationen und Aufgabengebieten eingesetzt, z.B. zur Überbrückung bei unvorhersehbaren Vakanzen beim Ausfall einer Führungskraft, zur Restrukturierung und Sanierung, im Projektmanagement, zur Einführung neuer Programme oder bei der Gründung, Übernahme oder Veräusserung von Unternehmen.

In der Unternehmenspraxis werden Interim Manager zunehmend als Teil der gesamtwirtschaftlich immer bedeutsamer werdenden und stark wachsenden Gruppe der Freelancer und dabei als Teil des Marktes für „Freelance Management Dienstleistungen“ betrachtet.

In die gleiche Richtung zielt die DDIM (Dachgesellschaft Deutsches Interim Management e.V.) als führender Wirtschafts- und Berufsverband für Interim Management in Deutschland. Interim Management wird dort als eigenes Angebotssegment im Markt der Management Dienstleistungen bezeichnet, welches sich von der Nachbarbranche der Unternehmensberatung in der Art des Service unterscheidet (DDIM, Branchenprofil, 2020):

„Während Unternehmensberatungen einen externen, unabhängigen Service bieten, bei dem die Entscheidungsbefugnis und die -verantwortung beim Auftraggeber verbleiben, arbeiten Interim Manager in der Regel in unternehmerischer Verantwortung im Mandanten-Unternehmen. Für einen definierten Zeitraum werden sie zum integralen Bestandteil des internen Teams. Interim Manager arbeiten freiberuflich und auf eigenes Risiko. Sie werden in Führungspositionen der ersten und zweiten Ebene eingesetzt.“

Eine andere Begriffsdefinition rückt den „Markenkern des Interim Managers“ in den Blickpunkt. Sie wurde am 1. Juli 2022 von den Verbänden der deutsch sprechenden Länder (DDIM, DSIM, DÖIM, VRIM, AIMP) auf dem „6. Gipfeltreffen der Interim Management Branche“ in Luzern gefunden und in „gendergerechter“ Sprache formuliert (Schädler, 2022):

Interim Manager:innen sind führungserfahrene und umsetzungsstarke Problemlöser:innen. Sie stehen einem Unternehmen zeitnah für spezifische Aufgaben und auf begrenzte Zeit zur Verfügung. Sie schaffen unternehmerischen Mehrwert.

Einsatzfelder und Besonderheiten

Ihren Kundennutzen bringen Interim Manager in allen Phasen des Lebenszyklus von Unternehmen ein. So gibt es Interim Manager, die vor allem bei der Unterstützung von jungen Unternehmen tätig sind, Interim Manager, die sich auf Wachstumsthemen und Transformationen fokussiert haben, und Interim Manager, die sich geradezu auf „Krisen“ oder gar die „Beerdigung“ von Unternehmen spezialisiert haben.

Und natürlich gibt es Interim Manager, die rund um das Thema dieses Fachbuches, der Künstlichen Intelligenz, über tieferes Spezialwissen und eine breitere Erfahrung bei mehr Unternehmen verfügen als die meisten Führungskräfte in langjährigen Angestelltenverhältnissen. In allen Phasen jedoch sind viele Interim Manager in der Überbrückung von Vakanzen tätig. Gerade weil in der Praxis die beiden mittleren Phasen in der Regel die längste Zeit des Lebens eines Unternehmens ausmachen, sind diese Phasen besonders „arbeitsreich“ für Interim Manager.

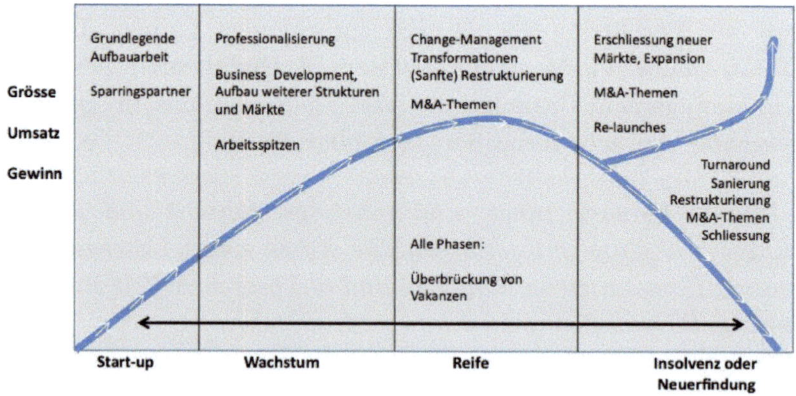

Abbildung: Einsatzfelder von Interim Managern in unterschiedlichen Phasen des Lebenszyklus von Unternehmen. Quelle: Becker / Schönfeld / Singer (2022).

Aus Sicht der Praxis des Interim Managements formuliert ein erfahrener und in der Branche mehrfach ausgezeichneter Interim Manager die folgenden Unterschiede in der Tätigkeit zum „normalen" Management (*Handelsblatt* vom 7. August 2022):

„Interim Manager haben schon unzählige Unternehmen von innen gesehen und erkennen sehr schnell Muster und Pain Points – in Prozessen, Bilanzen, der Organisation, der Kultur, etc. Ihre Einarbeitungszeit ist damit sehr gering, und sie können in kürzester Zeit Mehrwert für das Unternehmen schaffen. Auch bringen Interim Manager keinen Ballast aus der Vergangenheit mit. Sie sind nicht in unternehmenspolitische Machenschaften verstrickt und haben auch nicht vor, im Unternehmen aufzusteigen und Konkurrenten auszustechen. Sie haben eine klare Mission. Ist diese erfüllt, sind sie wieder weg. Sie stellen also kein Risiko für interne Manager da. Als Macher sind Interim Manager immer im „Hands-On"-Modus. Sie suchen keine Entschuldigungen oder Schuldigen, sondern praktikable Lösungen und Ansätze. Sie entwickeln Konzepte in wenigen Wochen, nicht wie in den meisten Unternehmen üblich, erst nach Monaten. Sobald ein Konzept freigegeben ist, machen sich Interim Manager mit den bereitgestellten Ressourcen an die Umsetzung."

Interim Manager können als Freelancer im Management bezeichnet werden. In der Praxis haben sie vor allem mit Beratern einige Überschneidungen. Der wesentliche Unterschied wird darin gesehen, dass Interim Manager ihren Fokus auf die operative Umsetzung oder Durchsetzung von meist unternehmerisch bedeutsamen Maßnahmen legen. Diese können durchaus auf Empfehlungen aufsetzen, die vorher von einem Berater gegeben wurden – oder von dem Interim Manager selbst, der zuvor eine Analyse vorgenommen hat. Es ist auch nicht mehr nur die erste oder zweite Ebene, auf der Interim Manager tätig werden. Einsätze in Projekten, zum Beispiel zu Change- oder

Transformationsthemen, für die eine hochwertige Expertise notwendig ist, umfassen inzwischen ein gutes Drittel der Gesamtumsätze im Interim Management-Bereich (AIMP, 2022). Tendenz steigend!

Buchreihe praxisorientierter Umsetzungsexperten

Mit der Buchreihe „Von Interim Managern lernen“ wird das Know-how von praxisorientierten Umsetzungsexperten erstmals gebündelt. Nach „Automotive“, „Maschinen- und Anlagenbau“, „Business Transformation“ und „HR – Personalwesen in Krisenzeiten“ ist das vorliegende KI-Buch der fünfte Band in dieser überaus erfolgreichen Reihe.

Die sorgfältige Auswahl der Autoren durch den Herausgeber stellt sicher, dass in dieser Reihe nur die Besten der Besten mit Themen zu Wort kommen, die aktuell rund um Künstliche Intelligenz brennen; aus jedem Fachgebiet und aus jeder fachlichen Perspektive immer nur einer. Alle Interim Manager vereint jedoch das Streben nach operativer Exzellenz für ihre Kunden: Es geht um eine Steigerung der Performance, die Verbesserung der Wertschöpfung, eine erhöhte Rentabilität und damit um eine nachhaltige Zukunftssicherung des Unternehmens! All das sind Anliegen von Unternehmen, für die Interim Manager engagiert werden. Eine typische Kundenaussage, die in meiner inzwischen mehr als 20 Jahren Praxis im Interim Management immer wieder zu hören ist, lautet wie folgt:

„Es ist es so, als ob ich für mich selbst einen Personal Trainer engagiere: Die Sicherheit steigt, die gewünschten Ergebnisse zu erhalten. Ich muss dabei natürlich auch Themen anpacken, bei denen ich mir selbst im Weg stehe. Aber meist entdecke ich dabei auch noch Potentiale, an die ich bisher noch nie gedacht hatte.“

Herausstellen möchte ich die besondere aktuelle Relevanz des Themas. Künstliche Intelligenz gilt derzeit als *der* „Business-Booster“ für Unternehmen, der Märkte umfassend verändert – aufgrund der exponentiellen Entwicklung sogar in einer kaum vorstellbaren Geschwindigkeit. So umfasst die aktuelle Diskussion in der (Fach-) Öffentlichkeit ein umfassendes Bündel an „Chancen“ bzw. Opportunitäten, die es zu heben gelte. Oft wird dies gar mit einer Aufforderung zu einem „Paradigmenwechsel“ verbunden, zu neuem Denken und einer neuen Business Kultur.

Es finden sich Hinweise darauf (und Erfahrungen), die Wertschöpfungskette mit neuen Strukturen zu optimieren, Kompetenzen der Mitarbeitenden zu entwickeln und Prozesse intelligenter und wirkungsvoller zu gestalten.

In Ergänzung zu einer reinen Betrachtung der Technologie oder bestimmter KI-Tools entstehen aus heutiger Sicht vor allem die folgenden Handlungsfelder, bei denen es gilt, die richtigen Schritte zu identifizieren und gezielt umzusetzen – und bei denen Interim Manager bei ihren Kunden mit aktivem „Tun“ einen enormen Mehrwert stiften können:

(1) Unternehmensspezifische Chancen (Business Opportunities): Identifikation, Entscheidung und „auf den Weg bringen“, ggfs. unter Modifikation der Wertschöpfungskette bzw. des kompletten Geschäftsmodells.

(2) Bearbeitung neuer oder veränderter Märkte mit ihren Playern, Bedürfnissen und Machtstrukturen, ggfs. unter Nutzung moderner, digitaler Wege.

(3) (Neu-) Aufbau oder Modifikation von internen Strukturen und Prozessen in den einzelnen Fachbereichen des Unter-

nehmens; ggfs. auch der Schnittstellen zu vor- und nachgelagerten Stakeholdern oder Business Partnern.

(4) Erwerb neuen Wissens, neuer Kompetenzen und Qualifikationen, um all das bereits genannte auch (nachhaltig) umsetzen zu können.

(5) Kulturarbeit als Gestaltung der gemeinsamen Werte, Normen und Einstellungen, welche die Entscheidungen, die Handlungen und das Verhalten der Organisationsmitglieder prägen.

(6) Identifikation, Beherrschung oder Minimierung von Risiken.

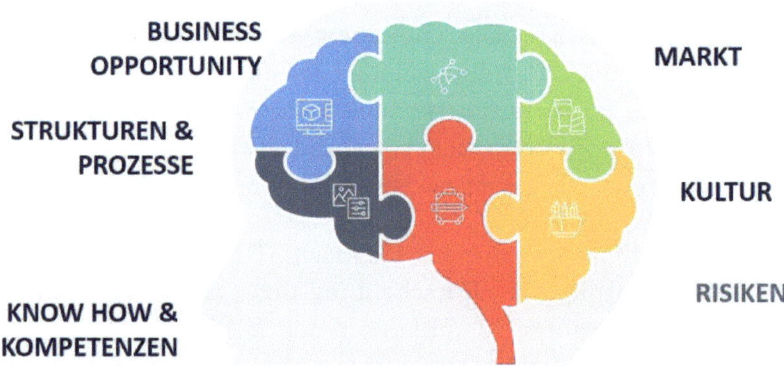

Abbildung: Handlungsfelder abseits der reinen Technologie.

Freuen wir uns auf die umfassende Darstellung über Künstliche Intelligenz in Unternehmen, wie sie Eckhart Hilgenstock im vorliegenden Werk bietet.

Auch wenn ich als der Herausgeber mit dem Autor schon seit Jahren persönlich-professionell bekannt bin und seine erfolgreiche berufliche Entwicklung als Interim Manager verfolgen konnte, habe ich bei der Durchsicht dieses Manuskripts und den Diskussionen dazu viel gelernt! Dafür danke ich – und wünsche es ebenso dem Leserkreis.

Dem Diplomatic Council bin ich seit Jahren freundschaftlich und aktiv verbunden. Ich engagiere mich gerne in dieser Organisation, die einen globalen Think Tank mit Beraterstatus bei den Vereinten Nationen, ein weltweites Business Network und eine gemeinnützige Charity Foundation vereint.

Der Herausgeber

Dr. Harald Schönfeld

Quellen:

AIMP (2022). AIMP-Arbeitskreis Interim Management Provider. AIMP-Providerumfrage 2022: https://www.aimp.de/aimp-umfragen/aktuelle-aimp-umfragen

Aydin, Ulvi, I. (19.04.2022). "Wer mich holt, erhält einen Klartexter." – Interim Manager Ulvi I. Aydin zeigt Kante. Webseite Handelsblatt https://www.handelsblatt.com/adv/firmen/ulvi-i-aydin.html

Becker, J. / Schönfeld, H. / Singer, G. (2022): Karriere-Handbuch für Interim Manager. Erfolg als Freelancer im Management. Zweite aktualisierte und ergänzte Auflage

DDIM (2020). Branchenprofil. Webseite Dachgesellschaft Deutsches Interim Management https://www.ddim.de/interim-management/fuer-unternehmen/branchenprofil/

Interim Management (2018). Gabler Wirtschaftslexikon - Online Lexikon: https://wirtschaftslexikon.gabler.de/definition/interim-management-52714/version-275829

Schädler, K. (21.07.2022). 6. Gipfeltreffen und 1. Schweizer Forum für Interim Management. https://rheintal-interim.org/6-gipfeltreffen-und-1-schweizer-forum-fuer-interim-management/

KI: Geschichte, Anwendungen, Herausforderungen

Eckhart Hilgenstock, Interim Executive (EBS), Interim Manager des Jahres 2012 (AIMP), Top Interim Manager Harvard Business Review 2023, Zertifizierter Aufsichts- und Beirat (Steinbeis), Diplomatic Council Member

Warum schreibe ich dieses Buch? Durch ChatGPT wurde Künstliche Intelligenz, kurz KI, ganz plötzlich populär. Nach Freischaltung der kostenlosen Version hatte OpenAI in der ersten Woche eine Million Benutzer; dies hatte vorher noch niemand auch nur annähernd geschafft. Sebastian Thrun prognostiziert eine Revolution ähnlich dem Buchdruck und sagt: „Verbote sind schon beim Buchdruck nicht gut ausgegangen". Ich möchte Sie anregen, sich mit KI auseinanderzusetzen und gleichzeitig die Angst davor nehmen. Bereits in meiner Vordiplomarbeit in den 1980er Jahren hatte mir der Informatikprofessor die Aufgabe gestellt, über neuronale Netze, eine der Grundlagen für generative KI, zu schreiben.

In diesem Buch richten wir den Fokus auf die Welt der Künstlichen Intelligenz – von ihren Anfängen bis zur Gegenwart. Mit einem Blick auf die Geschichte der KI werden die Meilensteine von den 1950er Jahren bis heute beleuchtet. Während die Entwicklungen fortschreiten und generative KI neue Horizonte eröffnet, bleibt die Frage: Welche konkreten Anwendungen bietet KI für Unternehmen? Und welche Auswirkungen haben diese Anwendungen – auf das Geschäftsmodell, die Märkte und die Gesellschaft? Die Antwort soll in diesem Buch skizziert werden. Es werden Fallbeispiele und Erfolgsgeschichten präsentiert, aber auch die Chancen und Herausforderungen von KI beleuchtet – von positiven Effekten auf Wirtschaft und Gesellschaft bis hin zu ethischen Überlegungen und potenziellen Risiken.

Einleitung: Als uns die Zukunft einholte

„Es gibt nichts Neues mehr. Alles, was man erfinden kann, ist schon erfunden worden.“ – Charles H. Duell, US-Patentamt, 1899.

Bis Ende November 2022 war Künstliche Intelligenz für viele eher eine vage Zukunftsvision. Klar, es gab Industrie 4.0 und smarte Maschinen, allerdings waren dies branchenspezifische Themen. Das klang alles noch etwas abstrakt – und wer nichts damit zu tun hatte, konnte sich nicht viel darunter vorstellen. Doch dann trat ChatGPT auf den Plan. Als am 30. November 2022 das KI-Sprachmodell ChatGPT von OpenAI für die breite Öffentlichkeit zugänglich wurde, brach eine regelrechte Revolution über uns herein.[2] Das Ausmaß dieser Umwälzung war zu diesem Zeitpunkt noch nicht wirklich greifbar. Doch seitdem ist KI in aller Munde.

Es ist, als hätte uns die Zukunft eingeholt. Die Kritiker prophezeien in dystopischen Szenarien, dass KI die Menschheit auslöschen wird. Die Befürworter sehen darin die Tür zu zahlreichen neuen Möglichkeiten für die Menschheit – und die Lösung nahezu aller Probleme. Die Wahrheit liegt, wie so oft,

---

[2] Vgl.: Kroker, Michael (2022): *Die Gründe für den Hype um ChatGPT*. WirtschaftsWoche. https://www.wiwo.de/technologie/digitale-welt/kuenstliche-intelligenz-die-gruende-fuer-den-hype-um-chatgpt/28858612.html, Zugriff: 13.12.2023.

wahrscheinlich irgendwo in der Mitte. Wir müssen zunächst einmal lernen, verantwortungsvoll mit dieser Errungenschaft umzugehen. Was aber jetzt schon feststeht: Generative Künstliche Intelligenz (GenAI) wie ChatGPT hat den Vorhang für eine neue Ära aufgezogen und die Diskussionen über KI auf eine völlig neue Ebene gehoben.

KI hat in den letzten Jahren einen beeindruckenden Siegeszug durch die Wirtschaft und Gesellschaft erlebt. Wir befinden uns zwar immer noch am Anfang der vierten industriellen Revolution, haben durch GenAI aber einen spürbaren Schritt in Richtung Zukunft gemacht. KI beschleunigt die technologische Evolution. Von der Automatisierung von Produktionsprozessen bis hin zur personalisierten Medizin: KI hat das Potenzial, den Status quo auf den Kopf zu stellen.

Die Technologiefortschritte rund um Datenverarbeitung, Datenspeicher und Rechenkapazität haben KI zu einer Art Alleskönnerin gemacht. Sie übernimmt nicht nur monotone Aufgaben, sondern kann auch Datensätze analysieren, Verträge auf Rechtmäßigkeit prüfen und kreative Prozesse unterstützen.

Die Bedeutung von KI für Wirtschaft und Gesellschaft lässt sich kaum überschätzen. Die Möglichkeiten scheinen grenzenlos. KI-Technologien haben das Potenzial, die Effizienz und Produktivität in Unternehmen zu steigern, innovative Produkte und Dienstleistungen hervorzubringen und komplexe gesellschaftliche Herausforderungen zu bewältigen.

Dabei stehen wir indes noch vor großen Herausforderungen und vielen Fragezeichen, denn: Gleichzeitig werfen diese Entwicklungen auch wichtige ethische, rechtliche und soziale Fragen auf, die sorgfältig reflektiert werden müssen.

Beispiele:

Inwieweit sollten autonome KI-Systeme in der Lage sein, moralische Entscheidungen zu treffen? Wie kann man sicherstellen, dass diese Entscheidungen den gesellschaftlichen Normen entsprechen? Welche Verantwortlichkeiten tragen Unternehmen und Entwickler bei der Schaffung von KI-Technologien – insbesondere im Hinblick auf den Schutz der Privatsphäre und der Verhinderung von Diskriminierung? Wie sollte das Haftungsrecht angepasst werden, um Schäden, die durch autonome KI-Systeme verursacht werden, angemessen zu regeln? Wie sollten die Verantwortlichkeiten zwischen Herstellern, Betreibern und Benutzern im Umgang mit KI geklärt sein? Welche Gesetze sollten aktualisiert werden, um den Datenschutz im Kontext von KI-Anwendungen zu gewährleisten und persönliche Daten angemessen zu schützen? Welche Auswirkungen hat der Einsatz von KI auf den Arbeitsmarkt und was sollte die Politik unternehmen, damit der technologische Fortschritt nicht zu massiven Arbeitsplatzverlusten führt? Wie kann der Zugang zu KI-Technologien und den damit verbundenen Vorteilen gerecht und inklusiv verteilt werden, um soziale Ungleichheiten nicht zu verstärken?

Im Zuge der fortschreitenden Digitalisierung und dem wachsenden Einfluss von KI ist es von höchster Bedeutung, ein fundiertes Verständnis für diese Technologien zu entwickeln. Dazu gehört, nicht nur die technologischen Möglichkeiten von KI zu erkunden, sondern auch ihre Auswirkungen auf Wirtschaft und Gesellschaft kritisch zu beleuchten. Denn während KI uns mit offenen Armen empfängt, sollten wir nicht versäumen, einen genaueren Blick auf die möglichen Nebenwirkungen zu werfen.

In diesem Buch werden wir uns mit der Bedeutung von KI für Wirtschaft und Gesellschaft auseinandersetzen. Dazu werden wir zunächst grundlegende Begriffe und Konzepte der Künstlichen Intelligenz erläutern, um ein gemeinsames Verständnis zu schaffen. Vieles, was uns an KI heute futuristisch erscheint, ist eigentlich gar nicht so neu.

Um das besser zu verstehen, werden wir einen Exkurs durch die Geschichte der KI unternehmen. Anschließend werden wir die Definition und Grundlagen der generativen KI beleuchten und mögliche Anwendungsfelder vorstellen. Danach gehen wir noch etwas tiefer auf praktische Einsatzgebiete in der Öffentlichen Verwaltung, Medizin und dem Finanzwesen ein – und stellen praxisnahe Fallbeispiele und Erfolgsgeschichten aus verschiedenen Branchen vor.

In diesem Buch analysieren wir sowohl die positiven Auswirkungen von KI auf Wirtschaft und Gesellschaft als auch die Herausforderungen und Risiken rund um Ethik, Datenschutz, Arbeitsplatz und Co. Darüber hinaus werden wir einen Ausblick auf die zukünftige Entwicklung von KI geben und Empfehlungen für eine verantwortungsbewusste und nachhaltige Integration von KI-Technologien in Wirtschaft und Gesellschaft formulieren.

In diesem Sinne möchte ich Sie herzlich dazu einladen, sich auf eine spannende Reise in die Welt der Künstlichen Intelligenz zu begeben. Hoffentlich trägt dieses Buch dazu bei, Ihr Verständnis für die Potenziale und Herausforderungen von KI zu vertiefen und Impulse für eine konstruktive Auseinandersetzung mit diesem zukunftsweisenden Thema zu geben.

Eckhart Hilgenstock

Eine kurze Geschichte der Künstlichen Intelligenz

„Ich denke, dass es einen Weltmarkt für vielleicht fünf Computer gibt." – Thomas Watson, Vorsitzender von IBM, 1943.

Die Vorstellung von Künstlicher Intelligenz ist jahrtausendealt und hat bereits in der Antike ihren Ursprung, als sich Philosophen den existenziellen Fragen von Leben und Tod widmeten. Damals wurden sogenannte „Automaten" entwickelt – mechanische Konstruktionen, die sich eigenständig bewegten, ohne menschliches Eingreifen.[3] Der Begriff „Automat" entstammt dem Altgriechischen und bedeutet so viel wie „aus eigenem Willen handeln". Eine der ältesten dokumentierten Erwähnungen eines solchen Automaten stammt sogar aus dem Jahr 400 v. Chr. Dabei handelt es sich um eine mechanische Taube, angeblich erschaffen von dem Mathematiker und Ingenieur Archytas von Tarent, einem Freund des berühmten Philosophen Platon.[4] Diese archaischen Gedanken und Erfindungen haben natürlich überhaupt nichts mit dem zu tun, was wir heute unter KI verstehen.

Die 1950er Jahre

Dennoch ist die Geschichte der KI im heutigen Verständnis nicht mehr so jung. Sie reicht bis in die 1950er Jahre zurück: eine Zeit, die von bedeutenden Entwicklungen in der Informatik und Technologie geprägt war – und die Grundlage für weite-

---

[3] Vgl.: Le Ker, Heike (2009): *Wie die Götter die Tempeltüren öffneten.* SPIEGEL online. https://www.spiegel.de/wissenschaft/mensch/automaten-der-antike-wie-die-goetter-die-tempeltueren-oeffneten-a-618229.html, Zugriff: 13.12.2023.

[4] Vgl.: Behringer, Wolfgang et. al. (2016): *Der Traum vom Fliegen: Zwischen Mythos und Technik.* Fischer Verlag. ISBN-10: 9783596314096.

re Forschung und Wissenschaft in dem Bereich legte. Allgemein war die Zeit zwischen 1940 und 1960 von einer starken Verknüpfung technologischer Entwicklungen und dem Wunsch geprägt, das Funktionieren von Maschinen und organischen Lebewesen zu verstehen. Dies legte den Grundstein für die weitere Entwicklung der Künstlichen Intelligenz.[5]

Ein erster Meilenstein war die Veröffentlichung von Alan Turings Arbeit „Computer Machinery and Intelligence" im Jahr 1950, in der er den sogenannten Turing-Test vorstellte, mit dem er die Intelligenz von Maschinen messen wollte. Dies trug maßgeblich zur Popularisierung des Begriffs „Künstliche Intelligenz" bei.[6] Im Jahr 1956 wurde der wissenschaftliche Begriff „Artificial Intelligence" (AI) auf der Dartmouth-Konferenz geprägt, bei der Wissenschaftler, Mathematiker und Philosophen begannen, sich intensiv mit dem Konzept der Künstlichen Intelligenz auseinanderzusetzen – und zusammenkamen, um das Potenzial der Schaffung von Maschinen mit menschenähnlicher Intelligenz zu diskutieren. Dieses Ereignis gilt weithin als die Geburtsstunde der KI als legitimes Forschungsfeld.[7] Das Programm „Logic Theorist", entwickelt von Allen Newell und Herbert A. Simon, war eines der ersten KI-Computerprogramme. Es zeigte das Potenzial von Maschinen, menschliches Denken zu replizieren. Der „Logic Theorist" gilt als das erste Programm, das gezielt für automatisierte Schlussfolgerungen geschaffen

---

[5] Vgl.: Council of Europe: *History of Artificial Intelligence.* https://www.coe.int/en/web/artificial-intelligence/history-of-ai, Zugriff: 13.12.2023.

[6] Vgl.: *What is the history of artificial intelligence (AI).* Tableau. https://www.tableau.com/data-insights/ai/history, Zugriff: 13.12.2023.

[7] Vgl: Anyoha, Rockwell (2017): *The History of Artificial Intelligence.* Harvard University. https://sitn.hms.harvard.edu/flash/2017/history-artificial-intelligence/, Zugriff: 13.12.2023.

wurde und somit als das erste Künstliche Intelligenz-Programm.[8]

Ein weiteres bedeutendes Ereignis war die Schaffung und Popularisierung des sogenannten Perzeptrons im Jahr 1957. Das Perzeptron ist ein künstliches neuronales Netzwerk, welches der US-amerikanische Psychologe und Informatiker Frank Rosenblatt erstmals 1958 in seiner wissenschaftlichen Arbeit in der *Psychological Review* vorstellte.[9] Dies wurde als Durchbruch in der KI-Forschung angesehen und weckte großes Interesse an diesem Bereich. In der Forschung und Wissenschaft begann der sogenannte „AI Boom“.[10] In dieser Zeit wurde auch die erste KI-Programmiersprache, LISP, von John McCarthy entwickelt, die bis heute maßgeblichen Einfluss auf die KI-Forschung und -Entwicklung hat.[11]

Die 1960er Jahre

In den 1960er Jahren setzte sich die Entwicklung der KI-Forschung weiter fort, wobei verschiedene Länder und Forschergruppen bedeutende Beiträge zur Erforschung und Wei-

---

[8] Vgl.: McCorduck, Pamela (2004): *Machines who think.* A. K. Peters. https://monoskop.org/images/1/1e/McCorduck_Pamela_Machines_Who_Think_2nd_ed.pdf, Zugriff: 13.12.2023.

[9] Vgl.: Rosenblatt, Frank (1958): *The perceptron: a probabilistic model for information storage and organization in the brain.* In: Psychological Review, Vol. 65, Nr. 6 1958. https://www.academia.edu/60542953/The_perceptron_a_probabilistic_model_for_information_storage_and_organization_in_the_brain, Zugriff: 13.12.2023.

[10] Vgl.: Gold, Edem (2023): *The History of Artificial Intelligence from the 1950s to Today.* Free Code Camp. https://www.freecodecamp.org/news/the-history-of-ai/, Zugriff: 12.12.2023.

[11] Vgl.: Hübner, Hans (2008): *LISP – die Mutter der Programmiersprachen.* In: Podcast CRE084. https://cre.fm/cre084-lisp, Zugriff: 13.12.2023.

terentwicklung von KI-Technologien leisteten. So arbeiteten Forscher an Schlüsselkomponenten einer Generellen Künstlichen Intelligenz (Artificial General Intelligence, AGI). AGIs sind noch nicht entwickelt. Sie wären eine Art-Superprogramm, das *jede* intellektuelle Aufgabe verstehen und lernen kann, die ein Mensch ausführen kann. Allerdings entstand ein erster Chatbot: ELIZA wurde Ende der 1960er Jahre von KI-Pionier Joseph Weizenbaum entwickelt. Obwohl ELIZA alles andere als eine AGI war, stellte der Bot für damalige Verhältnisse einen weiteren Meilenstein dar. ELIZA griff auf große Datenbanken zurück und konnte nach festen Mustern Antworten geben.[12]

Die 1970er und 1980er Jahre

In den 1970er und 1980er Jahren erlebte die KI-Entwicklung sowohl bedeutende Fortschritte als auch Phasen reduzierter Finanzierung; letztere sind als „KI-Winter" bekannt. Expertensysteme, die die Entscheidungsfähigkeit eines menschlichen Experten nachahmten, gewannen in dieser Zeit an Bedeutung. Die Grenzen der bestehenden Technologie führten jedoch zu nachlassendem Interesse und weniger Investitionen in die KI-Forschung. Die damaligen Computer waren schlichtweg noch nicht leistungsfähig genug, um komplexe Aufgaben wie Spracherkennung und Bildverarbeitung effizient zu lösen.[13] Dennoch wurden in den 1970er Jahren bedeutende Fortschritte erzielt,

---

[12] Vgl.: Weizenbaum, Joseph (1966): *ELIZA – A Computer Program For the Study of Natural Language Communication Between Man And Machine.* In: Communications of the ACM. 1. Auflage, Juni 1966. https://web.stanford.edu/class/cs124/p36-weizenabaum.pdf, Zugriff: 13.12.2023.

[13] Vgl.: Mebis Magazin: *Die Geschichte der künstlichen Intelligenz.* Bayerisches Staatsministerium für Unterricht und Kultus. https://mebis.bycs.de/beitrag/ki-geschichte-der-ki, Zugriff: 13.12.2023.

insbesondere im Bereich der Expertensysteme. Eines der bekanntesten Expertensysteme, das in den frühen 1970er Jahren entwickelt wurde, war das MYCIN-System, das zur Diagnose und Behandlung von bakteriellen Infektionen eingesetzt wurde.[14]

In den 1980er Jahren setzte sich die Entwicklung von Expertensystemen und anderen praktisch einsetzbaren KI-Systemen fort. Diese Ära war geprägt von dem Bestreben, KI-Technologien in konkreten Anwendungsgebieten wie Medizin, Finanzen und Fertigung einzusetzen. In dieser Zeit wurde in Japan auch das Konzept der „fünften Generation" von Computern entwickelt. Diese sollten besonders leistungsfähige Computersysteme darstellen. Letztendlich scheiterten sie jedoch in den 1990er Jahren an unrealistischen Erwartungen.[15] Trotz einiger weniger Fortschritte führten solche zu ehrgeizigen Ziele zu einem weiteren Rückgang des Interesses an KI, was als „zweiter KI-Winter" bezeichnet wird.[16]

Die 1990er Jahre

Die 1990er Jahre erlebten ein Wiederaufleben des Themas KI, angetrieben durch die Verfügbarkeit großer Datensätze, gesteigerter Rechenleistung und der Entwicklung leistungsfähigerer Algorithmen. Die 1990er Jahre stellten ohnehin eine digitale Explosion dar: Internet, E-Mail oder Mobilfunk sind nur einige wenige der revolutionären Entwicklungen aus dieser Zeit. Und in Bezug auf KI? Eine ganze Reihe engagierter Köpfe

---

[14] Andreas Kaplan (2022): *Artificial Intelligence, Business and Civilization.* Routledge. ISBN: 978-1-03-215531-9.

[15] Siehe 12.

[16] Ebd.

trieben KI und Deep Learning weiter voran und erzielten wichtige Meilensteine. Dana Cortes und Vladimir Vapnik entwickelten 1995 die Support Vector Machine für die Zuordnung und Erkennung sich ähnelnder Daten.[17] Sepp Hochreiter und Jürgen Schmidhuber führten 1997 das sogenannte LSTM-Modell (Long Short-Term Memory) für rekurrente neuronale Netze vor: LSTMs ermöglichen es, über lange Zeitabstände hinweg relevante Informationen zu speichern und zu nutzen. Technologien wie die Vector Machine oder LSTMs erlauben es, komplexe Muster in Daten zu erkennen – und führten zu Anwendungen in Bereichen wie Spracherkennung, Bildverarbeitung und Datenanalyse.

Das Jahr 1997 hatte aber noch einen anderen, weitaus populäreren Höhepunkt: Am 11. Mai 1997 verlor der amtierende Schachweltmeister Gary Kasparov gegen den Schachcomputer Deep Blue von IBM – das erste Mal in der Geschichte, dass ein Weltmeister gegen einen Schachcomputer verliert. Das Match wird in dem Dokumentarfilm „*Game Over: Kasparov and the Machine*“ von 2003 rückblickend beleuchtet. Methodisch betrachtet war Deep Blue keine Neuigkeit: Er basierte auf den Technologien der klassischen symbolischen KI, verfügte über einen umfangreichen Katalog von Eröffnungszügen und eine detaillierte Bewertung von Stellungen. Aufgrund des Medienspektakels setzte dieses Ereignis die KI-Forschung aber wieder auf die Landkarte von Investoren.

---

[17] Vgl.: Cortes, Dana, Vapnik, Vladimir (1995): *Support-Vector Networks.* In: Machine Learning 20, S. 273-297. Kluwer Academic Publishers. http://image.diku.dk/imagecanon/material/cortes_vapnik95.pdf, Zugriff: 14.12.2023.

Die 2000er und 2010er Jahre

Die 2000er Jahre waren geprägt von viel Robotik- und Sensorikforschung, der Forschung in der Medizin und der Biologie sowie zunehmenden Entwicklungssprüngen aufgrund immer besserer Rechenleistung. Wir werden hier nicht alle Entwicklungen aufzählen, sondern blitzlichtartig ein paar davon herausnehmen. 2004 navigierten die Erkundungsroboter „Spirit“ und „Opportunity“ der NASA autonom auf der Marsoberfläche. Im Jahr 2005 startete das „Blue-Brain-Projekt“: eine Kooperation zwischen dem Brain and Mind Instituts in Lausanne und IBM, mit dem Ziel, bis 2015 ein biologisch korrektes, virtuelles Gehirnmodell zu schaffen. 2009 begann Google, selbstfahrende Autos zu bauen, die heute bereits in Phoenix, San Francisco und Austin als normale Verkehrsteilnehmer unterwegs sind.

Die 2010er waren von einer verstärkten Integration von KI-Technologien in den Alltag geprägt. Von 2011 bis 2014 wurden Smartphone-Apps wie Apples „Siri“, Googles „Google Now“, Microsofts „Cortana“ oder Amazons „Alexa“ entwickelt. Diese Apps können Fragen beantworten, Empfehlungen geben und Aktionen ausführen, indem sie natürliche Sprache verwenden. 2011 schlug das KI-Programm „Watson” von IBM in der Quiz-Show „Jeopardy!“ die beiden Champions Rutter und Jennings.[18] Das Jahr 2012 stellte in gewisser Hinsicht einen Wendepunkt in der KI-Geschichte dar: Das Deep Learning-Modell „AlexNet“ gewann mit großem Abstand die „Large Scale Visual Recognition Challenge“ (LSVRC) – eine Benchmark-Veranstaltung, die darauf abzielt, die Fortschritte in der automatischen Bilder-

---

[18] Siehe: https://www.youtube.com/watch?v=P18EdAKuC1U, Zugriff: 14.12.2023.

kennung und Klassifizierung zu fördern.[19] AlexNet wurde mithilfe von GPU-Chips trainiert – ein Ansatz, der anschließend fast ausschließlich übernommen wurde.

2015 kamen erstmals von Seiten der Tech-Giganten ethische Bedenken hinsichtlich Künstlicher Intelligenz auf: Stephen Hawking, Elon Musk und zahlreiche KI-Experten setzten ihre Unterschriften unter einen offenen Brief, in dem sie die genauere Erforschung der gesellschaftlichen Auswirkungen von KI forderten. 2016 fand ein weiteres Spieleereignis zwischen KI und Mensch statt: Die Firma Google DeepMind ließ ihren Computer „AlphaGo" in dem chinesischen Strategiespiel „Go" antreten. Der Gegner war kein anderer als der koreanische Profi-Go-Meister Lee Sedol. AlphaGo gewann mit 4:1.[20] 2018 stellt Google den KI-basierten Sprachassistenten „Google Duplex" vor, der in der Lage war, Termine über das Telefon zu buchen.[21]

Die 2020er Jahre

In den letzten Jahren hat sich KI zunehmend in verschiedenen Bereichen des täglichen Lebens integriert, von virtuellen Assistenten und Empfehlungssystemen bis hin zu autonomen Fahrzeugen und medizinischen Diagnosen. Die Entwicklung

---

[19] Siehe: https://www.pinecone.io/learn/series/image-search/imagenet/, Zugriff: 14.12.2023.

[20] Vgl.: Bager, Jo (2016): *Mensch gegen Maschine 1:4 – AlphaGo gewinnt auch das letzte Spiel.* Heise Online. https://www.heise.de/news/Mensch-gegen-Maschine-1-4-AlphaGo-gewinnt-auch-das-letzte-Spiel-3135188.html, Zugriff: 14.12.2023.

[21] Vgl.: Pierson, David (2018): *Should people know they're talking to an algorithm? After a controversial debut, Google now says yes.* Los Angeles Times. https://www.latimes.com/business/technology/la-fi-tn-virtual-assistants-20180509-story.html, Zugriff: 14.12.2023.

von KI-Ethik und verantwortungsbewussten KI-Praktiken hat sich ebenfalls als ein kritischer Gesichtspunkt etabliert, da die Technologie weiterhin voranschreitet. Im Februar 2020 stellte Microsoft sein Sprachmodell „T-NLG“ vor – mit 17 Milliarden Parametern das damals größte jemals veröffentlichte Sprachmodell. Doch schon wenige Monate später legte das damals relativ unbekannte Unternehmen OpenAI nach – und stellte GPT-3 mit einer Kapazität vor, die zehnmal größer war als die des T-NLG.

Heute: KI und Generative KI

Und dann kam der 30. November 2022: Dieser Tag markierte einen signifikanten Wendepunkt, der die Welt der generativen Künstlichen Intelligenz grundlegend veränderte. Innerhalb nur eines Jahres bis zum November 2023 erlebten Sprachmodelle einen beispiellosen Fortschritt, und ihre potenziellen Anwendungen für Endnutzer vervielfachten sich. Schon im Januar 2023, nicht einmal zwei Monate nach der Markteinführung, erreichte Chat-GPT 100 Millionen Nutzer. Beeindruckend ist auch die Entwicklung von GPT-4, das mit 100 Billionen Parametern trainiert wurde. Im Vergleich dazu hatte GPT 3.5 „nur“ 175 Milliarden Parameter – eine wahrhaft astronomische Steigerung.

Zahlreiche andere Anbieter folgten diesem KI-Trend, bemüht, mit den Entwicklungen von OpenAI Schritt zu halten. Viele Unternehmen nutzen nun GPT-4 oder andere Open-Source-Modelle wie Llama2 als Grundlage für die Entwicklung eigener, spezifischer Lösungen. Gegen Ende dieses Buches finden Sie eine Zusammenstellung nützlicher KI-Tools, die von verschiedenen Anbietern bereitgestellt werden. Diese vielfältigen Entwicklungen verdeutlichen den rasanten Fortschritt und die breite Akzeptanz von KI-Technologien in der globalen Landschaft. Mit Mistral aus Frankreich,[22] Aleph Alpha aus Heidelberg,[23] Nyonic aus Berlin[24] oder der Comma Soft AG aus Bonn[25] sind auch europäische Unternehmen in den Markt eingestiegen – mit einem europäischen KI-Ansatz.

Die Entwicklung wird exponentiell zunehmen. Mit der Quantentechnologie, den Quantencomputern, werden Leistungssteigerungen möglich, die heute nur schwer vollstellbar sind. Ein Quantencomputer mit 53 Quanten-Bits (Qubits) demonstrierte bereits, wie er in wenigen Sekunden berechnete, wofür ein herkömmlicher Computer 10.000 Jahre benötigen würde.[26] Sobald Quantencomputer marktreif werden, wird die Menschheit einen neuen Big Bang des Möglichen erleben.

Bleiben wir aber in der Gegenwart, die für viele schon futuristisch genug ist: Es gibt heute schon keine Branche mehr, die nicht von GenAI profitieren kann. Ein paar Anwendungsbeispiele werden wir in den kommenden Abschnitten beleuchten – und einen Ausblick wagen, wohin KI uns noch führen kann.

---

[22] Siehe: https://mistral.ai/

[23] Siehe: https://aleph-alpha.com/de/

[24] Siehe: https://nyonic.ai/

[25] Siehe: https://comma-soft.com/comma-llm/

[26] Vgl.: Giles, Martin (2019): *IBM's new 53-qubit quantum computer is the most powerful machine you can use*. MIT Technology Review. https://www.technologyreview.com/2019/09/18/132956/ibms-new-53-qubit-quantum-computer-is-the-most-powerful-machine-you-can-use/, Zugriff: 19.12.2024.

Generative KI: Produktivität, Kreativität, Innovation

„Ich habe die Länge und Breite dieses Landes bereist und mit den besten Leuten geredet, und ich kann Ihnen versichern, dass Datenverarbeitung ein Tick ist, der dieses Jahr nicht überleben wird.“ – Prentice Ettinger Jr., Chef des US-Verlages Prentice Hall, 1957.

Bei dem von ChatGPT ausgelösten Hype um Künstliche Intelligenz geht es vor allem um generative KI. Von daher werden wir uns in diesem Abschnitt genauer damit auseinandersetzen. Wir werden die Definition und Grundlagen von GenAI beleuchten, Anwendungsbeispiele vorstellen – und analysieren, welche wirtschaftlichen und gesellschaftlichen Auswirkungen damit verbunden sind.

Definition und Grundlagen von GenAI

Generative KI bezieht sich auf ein Segment der Künstlichen Intelligenz, das darauf abzielt, Inhalte zu erzeugen, die von Menschen als neu, originell oder kreativ angesehen werden können. Dabei kann es sich um Texte, Bilder, Musik, (Programmier-)Sprachen oder sogar Videos handeln. Generative KI-Systeme nutzen Maschinelles Lernen, insbesondere tiefe Lernmodelle wie neuronale Netze, um Muster in unfassbar großen Datenmengen zu erkennen – und darauf basierend neue Daten zu erzeugen. Zum Trainieren generativer Modelle werden enorme Datenmengen benötigt. Die KI-Systeme lernen, aus diesen Datenmengen Muster, Strukturen und Beziehungen herzustellen – und sind dadurch in der Lage, neue Inhalte zu generieren.

Verschiedene Ansätze

KI-Training findet in unterschiedlichen Gebieten statt, darunter: Bilderkennung, Spracherkennung, Mustererkennung und Prozessoptimierung. Zu den gängigen Ansätzen in der generativen KI gehören:

- Generative Adversarial Networks (GANs),
- Variational Autoencoders (VAEs),
- Transformer-basierte Modelle wie GPT (Generative Pretrained Transformer).

Generative Adversarial Networks (GANs)

GANs bestehen aus zwei Hauptkomponenten: einem sogenannten Generator und einem Diskriminator. Der Generator erzeugt neue Daten, während der Diskriminator versucht zu unterscheiden, ob die Daten echt oder vom Generator erzeugt wurden. Durch diesen Wettbewerb verbessern beide Netzwerke ihre Fähigkeiten. Beim Training eines GAN ist es wichtig, dass der Generator und der Diskriminator abwechselnd trainiert werden, um ein Gleichgewicht zwischen den beiden zu finden. Zu starke oder zu schwache Leistungen einer der beiden Seiten können das Training beeinträchtigen. GANs werden häufig in der Bildgenerierung, der Videogenerierung und der Spracherzeugung eingesetzt.[27]

---

[27] Vgl.: Nicholson, Chris: *A Beginner's Guide to Generative AI.* A.I. Wiki. Link: https://wiki.pathmind.com/generative-adversarial-network-gan, Zugriff: 03.01.2024.

Variational Autoencoders (VAEs)

Während GANs ein spieltheoretisches Szenario nutzen, in dem der Generator und der Diskriminator in einem Wettkampf gegeneinander trainiert werden, sind VAEs darauf ausgelegt, komplexe Datenstrukturen in vereinfachte, komprimierte Darstellungen zu konvertieren – und daraus neue Daten zu generieren, die den Originaldaten ähneln. VAEs sind in der Lage, Daten sowohl zu komprimieren als auch zu generieren. Sie generieren oft Daten, die weniger detailliert sind, als die von GANs erzeugten – mit einer Tendenz zu etwas verschwommenen Bildern.[28] Allerdings sind VAEs auch leichter zu trainieren.

Transformer-basierte Modelle (z.B. GPT-Reihe)

Transformer-basierte Modelle werden insbesondere für die Textgenerierung verwendet. Ein prominentes Beispiel ist die GPT-Reihe von OpenAI, die in der Lage ist, kohärente und kontextbezogene Texte zu generieren. Diese Modelle lernen Sprachmuster aus großen Textdatensätzen und können anschließend neue Texte generieren, die auf diesen Mustern basieren. Modelle wie GPT-3 haben neue Maßstäbe in der generativen Sprachmodellierung gesetzt, zeigen jedoch auch Grenzen in der menschenähnlichen Sprachgenerierung.[29]

---

[28] Vgl.: O'Connor, Ryan (2022): *Introduction to Variational Autoencoders Using Keras*. Assembly AI. Link: https://www.assemblyai.com/blog/introduction-to-variational-autoencoders-using-keras/, Zugriff: 03.01.

[29] Vgl.: Turing.com: *Understanding Transformer Neural Network Model in Deep Learning and NLP*. Link: https://www.turing.com/kb/brief-introduction-to-transformers-and-their-power, Zugriff: 03.01.2024.

Anwendungen generativer KI

GenAI findet bereits heute in verschiedenen Branchen und Bereichen Anwendung. Nachfolgend sind einige konkrete Anwendungen aus der Industrie, der Versicherungswirtschaft sowie der Forschung und Entwicklung dargestellt.

Industrie

In der Industrie spielt KI bereits eine große Rolle, zum Beispiel bei der vorausschauenden Wartung. Aber auch generative KI kann sehr hilfreich sein, etwa bei der Konstruktion und Optimierung von Bauteilen: Mit generativen Entwurfsalgorithmen können KI-Modelle unter anderem Bauteile entwerfen, die nicht nur leichter und fester, sondern auch effizienter sind. GenAI analysiert Belastungsbedingungen und Materialbeschränkungen und erstellt daraufhin optimierte Entwürfe, die sowohl Material einsparen als auch die Leistung verbessern. So wurde beispielsweise der Volvo Supertruck 2 mit Hilfe von generativen KI-Design-Tools optimiert.[30]

Ein weiteres Anwendungsgebiet der generativen KI ist das Prototyping. Hierbei ermöglicht die Technologie die automatisierte Erstellung neuer Produktkonzepte, die spezifische Anforderungen erfüllen. Das beschleunigt nicht nur den Prototyping-Prozess, sondern führt auch zu innovativen Designlösungen, die mit herkömmlichen Methoden nicht möglich wären. Auch in der Qualitätskontrolle hat GenAI einen großen Einfluss: Durch die Analyse von Bildern der gefertigten Produkte kann sie Abwei-

---

[30] Vgl.: Thompson, Brian (2023): *Generatives Design: Wie KI Ingenieure entlasten kann*. https://www.digital-engineering-magazin.de/generatives-design-wie-ki-ingenieure-entlasten-kann/, Zugriff: 03.01.2024.

chungen erkennen und klassifizieren. Das führt zu einer effizienteren und genaueren Überwachung der Produktqualität – einem kritischen Faktor in der Fertigungsindustrie.

Versicherungswirtschaft

Für die Versicherungswirtschaft kann der Einsatz von GenAI ebenfalls einen enormen Wandel bedeuten, zum Beispiel bei der Nutzung für die Risikobewertung und das Pricing. Durch die Analyse und Interpretation großer Datenmengen kann GenAI komplexe Risikoprofile erstellen und individuelle Preismodelle für Versicherungsprodukte entwickeln. So können Versicherer präzisere und fairere Versicherungstarife erstellen, von denen sowohl sie als auch die Kunden profitieren. Ein weiteres Anwendungsgebiet ist die Betrugserkennung: GenAI-Modelle vermögen große Mengen an Versicherungsdaten zu analysieren und ungewöhnliche Muster zu erkennen, die auf betrügerische Aktivitäten hindeuten könnten. Somit können Schäden reduziert – und das Vertrauen in das Versicherungssystem bewahrt werden. Darüber hinaus revolutioniert die generative KI die Gestaltung von Versicherungsprodukten: Sie schafft personalisierte Versicherungspakete, die individuell auf die Bedürfnisse und Risikoprofile der Kunden zugeschnitten werden. Der Personalisierungsgrad steigt – und mit ihr die Kundenzufriedenheit. Generative KI spielt zudem eine wichtige Rolle bei der Schadensregulierung, indem sie automatisierte Prozesse unterstützt. Beispielsweise kann sie automatisch Dokumente und Formulare ausfüllen, Schadensbilder analysieren, Ansprüche bewerten oder die Kommunikation mit dem Kunden übernehmen. Das reduziert den Zeitaufwand und die Fehleranfälligkeit, die bei manueller Bearbeitung entstehen können. Dadurch wird nicht nur der Regulierungsprozess beschleunigt, sondern es werden auch Ansprüche genauer und gerechter bewertet.

Das Potenzial von GenAI in der Versicherungswirtschaft haben viele Versicherer längst erkannt. Im September 2023 starteten die ALH Gruppe, Canada Life, GVV Kommunalversicherung, Helvetia, KS/Auxilia, Rheinland Versicherungsgruppe, R+V Versicherung und die Vienna Insurance Group (VIG) eine Forschungsinitiative zum Thema KI, mit dem Namen „Xplore GenAI". [31] In der Pressemitteilung der Versicherungsforen Leipzig dazu wird Helvetia-Vorstand Thomas Lanfermann wie folgt zitiert: *„Die Frage ist nicht mehr, ob wir mit generativer KI arbeiten wollen, sondern wie. Für uns ist besonders wichtig, dass die Expertinnen und Experten der Fachbereiche an praxisrelevanten Use Cases arbeiten, sodass wir schnell funktionsfähige Prototypen zum Einsatz bringen können."*[32]

Forschung und Entwicklung

Für Forschung und Entwicklung wird sich GenAI zunehmend als ein kraftvolles Werkzeug erweisen, das neue Horizonte eröffnet. Ein besonders eindrucksvolles Beispiel hierfür ist die Arzneimittelforschung. Durch den Einsatz generativer KI-Technologien können Forscher neue Molekülstrukturen für potenzielle Medikamente erzeugen, was den Prozess der Arzneimittelforschung und -entwicklung signifikant beschleunigt. GenAI ermöglicht es, zügig eine Vielzahl von möglichen Wirkstoffkandidaten zu identifizieren und zu bewerten, was den

---

[31] Vgl.: Versicherungsmagazin (2023): *Brancheninitiative "Xplore GenAI" gestartet.* Link: https://www.versicherungsmagazin.de/rubriken/branche/brancheninitiative-xplore-genai-gestartet-3429193.html, Zugriff: 03.01.2024.

[32] Vgl.: Versicherungsforen Leipzig (2023): *Generative KI: Acht Versicherungsunternehmen starten gemeinsame Forschungs- und Entwicklungsinitiative.* Link: https://www.versicherungsforen.net/presse/start-brancheninitiative-generative-ki, Zugriff: 03.01.2024.

Weg für schneller wirkende und effizientere Medikamentenentwicklungen ebnet.[33]

In den Materialwissenschaften kann GenAI ebenfalls bahnbrechende Beiträge leisten. Hierbei ermöglichen generative Modelle das Design neuer Materialien mit spezifischen Eigenschaften. Das ist insbesondere in fortschrittlichen Bereichen wie der Nanotechnologie und der Entwicklung neuer Verbundwerkstoffe von unschätzbarem Wert. Die Fähigkeit, Materialien auf molekularer Ebene zu entwerfen und zu modifizieren, könnte zu revolutionären Durchbrüchen in verschiedenen Industriezweigen führen. Zum Beispiel könnten in der Textilindustrie intelligente Stoffe entwickelt werden, die die Temperatur regulieren, Feuchtigkeit ableiten oder sogar biometrische Daten erfassen können – was sowohl für die Mode- als auch für die Sportbranche von Interesse ist. In der Automobilindustrie kann GenAI helfen, Baumaterialien zu entwickeln, die das Gewicht von Autos reduzieren und somit die Energieeffizienz verbessern.

Im Bereich der Energieeffizienz bietet GenAI ebenfalls vielversprechende Möglichkeiten. Sie lässt sich einsetzen, um Energiesysteme zu optimieren und effizientere Energieverteilungsmodelle zu entwickeln. Diese Innovationen könnten nicht nur die Energiekosten senken, sondern auch einen bedeutenden Beitrag zum Umweltschutz leisten, indem sie helfen, den Energieverbrauch und die damit verbundenen Emissionen zu reduzieren. Der Stromversorger E.ON nutzt GenAI mit spezifischen

---

[33] Vgl.: Merck: *KI in der Medizin: Arzneimittelforschung*. Link: https://www.merckgroup.com/de/research/science-space/envisioning-tomorrow/precision-medicine/generativeai.html, Zugriff: 03.01.2024.

Branchenwissen als Assistenten der eigenen Mitarbeitenden bei energiewirtschaftlichen Fragestellungen.[34]

Ein weiterer bedeutsamer Anwendungsbereich der generativen KI ist die Klimamodellierung und Umweltforschung. Dort kann sie komplexe Klimamodelle erstellen, die die Auswirkungen verschiedener Umweltfaktoren simulieren. Dadurch sind Wissenschaftler in der Lage, bessere Strategien für den Umweltschutz und die Nachhaltigkeit zu entwickeln und fundierte Vorhersagen über künftige Umweltveränderungen zu treffen.[35] Mithilfe von GANs können Forscher auch eine realistischere Klimasimulation durchführen.[36]

Auswirkungen generativer KI

Diese wenigen aufgezeigten Anwendungsbeispiele verdeutlichen die Auswirkungen generativer KI auf unsere Wirtschaft und Gesellschaft. GenAI beschleunigt Prozesse enorm und macht viele Bereiche somit wesentlich produktiver. Tausendseitige Verträge auf Ungenauigkeiten überprüfen? Das macht GenAI in wenigen Sekunden. Die KI übernimmt repetitive Aufgaben und ermöglicht es Menschen, sich auf komplexere und kreativere Aufgaben zu konzentrieren. Das führt nicht nur zu

---

[34] Vgl.: E.ON: *Helferin mit Energieexpertise: E.ON schaltet eigene Generative Künstliche Intelligenz live.* Link: https://www.eon.com/de/ueber-uns/presse/pressemitteilungen/2023/eon-schaltet-eigene-generative-kuenstliche-intelligenz-live.html, Zugriff: 03.01.2024.

[35] Vgl.: Irrgang, Christopher et. al. (2021): *Towards neural Earth system modelling by integrating artificial intelligence in Earth system science.* In: Nature Machine Intelligence, Vol. 3, S. 667–674.

[36] Vgl.: Hess, P. et al. (2022): *Physically Constrained Generative Adversarial Networks for Improving Precipitation Fields from Earth System Models.* In: Nature Machine Intelligence, Vol. 4, S. 828–839.

einer Effizienzsteigerung, sondern auch zur Reduzierung menschlicher Fehler und zur Kostensenkung. Die Zeit, die Menschen im Arbeitsleben durch GenAI sparen, können sie für wichtigere Dinge nutzen: Weiterbildungen, Mentoring, Teamentwicklung, Strategie oder mehr Kommunikation in der Zusammenarbeit. GenAI unterstützt auch kreative Prozesse: Obwohl sie nicht als kreativ im traditionellen Sinne gilt, kann sie dennoch wertvollen Input liefern, der neue Perspektiven und Ideen hervorbringt. In Bereichen wie Design, Konzeption und Redaktion bietet GenAI Inspiration und Vorschläge, die zu einzigartigen und innovativen Ergebnissen führen können.

Laut McKinsey hat GenAI das Potenzial, Arbeitsprozesse zu automatisieren, die heute 60 bis 70 Prozent der Zeit der Mitarbeiter in Anspruch nehmen.[37] Es gibt kaum einen Bereich in der Wirtschaft, der nicht von generativer KI profitieren könnte. Und wir stehen erst am Anfang dieser Entwicklung. GenAI wird auch in unseren Lebensalltag Einzug halten: Jeder von uns kennt Chatbots, die Serviceaufgaben übernehmen und bei vielen Dienstleistungen das Frontend zum Kunden bilden. Bill Gates geht davon aus, dass sie sich zum persönlichen Assistenten entwickeln, der die Gewohnheiten und Vorlieben seines Nutzers kennt. Und zwar nicht nur im Berufsleben. Der Assistent kann zum Beispiel fragen, ob er etwas für das Abendessen reservieren soll und ob es wieder um 20 Uhr sein soll. Er fragt nach der Art des Abendessens und schlägt vor, heute chinesisch zu essen, da ein besonders gutes Menü im Angebot ist. Der Benutzer entscheidet, ob er den Assistenten nutzen möchte oder nicht. Oder der Assistent erinnert an den Geburtstag eines gu-

---

[37] Vgl.: Chui, M. et. al. (2023): *The economic potential of generative AI*. McKinsey. Link: https://www.mckinsey.com/capabilities/mckinsey-digital/our-insights/the-economic-potential-of-generative-ai-the-next-productivity-frontier#introduction, Zugriff: 04.01.2024.

ten Freundes oder an den Zahnarzttermin. Heutige Assistenten wie Siri, Alexa oder Cortana können bereits Termine koordinieren und Licht und Musik im Haus einschalten.

Praktische Anwendungen von KI

„Aber für was ist das gut?“ – Ein Ingenieur der Advanced Computing Systems Division of IBM, 1968, zum Microchip.

Zoomen wir den Fokus nun etwas heraus und werfen wir einen Blick auf KI im Allgemeinen, so eröffnet sich uns ein ganzes Universum praktischer Anwendungsfälle. Für jeden einzelnen Wirtschaftszweig ließe sich wohl ein eigenes Buch voller Beispiele verfassen. Ich stelle nachfolgend einige Bereiche dar, die mir in meiner Arbeit als Interim Manager begegnen.

Mobilitätssektor

Der Mobilitätssektor erlebt gerade eine spannende Zeit der Transformation, in der KI eine zentrale Rolle spielt. Ein herausragendes Beispiel ist das autonome Fahren, das eine Ära der Mobilität einläutet, in der Sicherheit, Effizienz und Komfort im Vordergrund stehen. Es veranschaulicht die Möglichkeiten und die Herausforderungen der KI im Mobilitätssektor. KI-Systeme in Fahrzeugen müssen komplexe Datenströme in Echtzeit analysieren und treffsichere Entscheidungen treffen. Dafür ist ein 5G-Netz erforderlich. Während Level-5-Autonomie – also vollständige Autonomie ohne menschliche Eingriffe – bereits in einigen Städten wie San Francisco Realität ist, sind wir in Deutschland im alltäglichen Verkehr noch nicht ganz so weit. Hier agieren Fahrzeuge meist auf Level 3 der Autonomie, wie beispielsweise der BMW i5, der bis zu 130 km/h autonom fahren kann.[38] Bei der Autonomiestufe 3 kann der Fahrer zwar die Hände vom Lenkrad nehmen, muss jedoch weiterhin die Fahrbahn im Auge behalten und ist für die Kontrolle verantwortlich.

Kleinere autonome Fahrzeuge ohne Besatzung (Roboter) sind in Betrieben oder in Lagerhallen schon länger im Einsatz. Bei Amazon fahren autonome Fahrzeuge durch die Hallen und Warenlager. In einem Projekt bei Swisslog habe ich gemeinsam mit dem Kunden fahrerlose Transportsysteme für Krankenhäuser vertrieben. Diese planen heute ihre Routen selbstständig, wenn Hindernisse umfahren werden müssen. Früher blieben sie einfach stehen, wenn etwas im Weg stand.

Ein weiteres prägendes Beispiel für den Einsatz von KI im Mobilitätssektor ist Google Maps. Durch die Nutzung von Machine-Learning-Algorithmen, die riesige Datenmengen auswerten, kann Google Maps sehr genaue Verkehrsprognosen erstellen. Diese Vorhersagen basieren auf den historischen Verkehrsmustern und aktuellen Verkehrsbedingungen. So kann die App Nutzern die schnellste Route vorschlagen und die voraussichtliche Fahrtzeit berechnen. Die Zukunft der Mobilität mit KI ist vielversprechend. Wir stehen erst am Anfang einer Entwicklung, die weit über autonomes Fahren und intelligente Routenplanung hinausgeht. Die Fortschritte bei der KI-Technologie versprechen eine noch sicherere, effizientere und benutzerfreundlichere Mobilität. Die Herausforderungen, denen wir uns dazu aktuell stellen müssen, sind unter anderem die Ver-

---

[38] Vgl.: La Rocco, N. (2023): *BMW i5: Freihändiges Fahren bis 130 km/h kommt nach Deutschland.* Computerbase. Link: https://www.computerbase.de/2023-04/bmw-i5-freihaendiges-fahren-bis-130-km-h-kommt-nach-deutschland/, Zugriff: 05.01.2024.

besserung der Erkennungsfähigkeiten von KI in komplexen Situationen – und die Integration dieser Technologien in unsere bestehenden Verkehrssysteme.

Industrie 4.0

Industrie 4.0 ist seit langem in aller Munde. In einem meiner Projekte haben wir häufig Condition Monitoring und Predictive Maintenance für Kunden umgesetzt. KI ermöglicht dabei durch Mustererkennung, Selbstlernmechanismen und die schnelle Verarbeitung großer Datenmengen relativ gute Vorhersagen. So können die Verantwortlichen ruhig schlafen, weil sie rechtzeitig gewarnt werden und Maschinenstillstände oder unnötige Wartungen vermieden werden.

Die Integration von Augmented Reality (AR) und Virtual Reality (VR) in die Produktionsprozesse ist ein weiteres spannendes Anwendungsbeispiel: In einem meiner Projekte haben wir AR genutzt, um Maschinendaten direkt in die Brillen der Ingenieure zu projizieren. Dies erlaubte es den Technikern, die Auswirkungen ihrer Handlungen unmittelbar zu sehen, ohne ständig zum Kontrollpanel gehen zu müssen. Das sparte ihnen wertvolle Zeit und verbesserte die Präzision und Effizienz der Arbeitsabläufe. Auch für die Fernwartung steigert AR die Effizienz: Auf Bohrinseln, wo der Transport von Wartungstechnikern teuer und zeitaufwändig ist, ermöglicht AR-basierte Fernunterstützung dem Personal vor Ort, komplexe Reparaturen mit Hilfe von Experten aus der Ferne durchzuführen. Das spart nicht nur Kosten, sondern erhöht auch die Sicherheit und Schnelligkeit bei kritischen Wartungsarbeiten. Die Kombination von KI, AR und VR im Maschinenbau und in der Produktion ist ein wichtiger Schritt in Richtung Industrie 4.0. Diese Technologien bieten wichtige Grundlagen für eine effizientere und präzisere Arbeitsweise – und öffnen die Tür zu innovativen Lösungen, die bisher nicht realisierbar waren.

Supply Chain / Logistik

Ein anschauliches Beispiel für die Leistungsfähigkeit von KI in der Lieferkette ist das Anticipatory-Shipping-Modell von Amazon: Hier wird das nächste Produkt, das ein Kunde wahrscheinlich kaufen wird, bereits auf die Rampe zur Auslieferung gestellt, bevor es überhaupt bestellt wurde.[39] Dies beruht auf der Analyse des Kaufverhaltens einer großen Zahl von Kunden und der Anwendung stochastischer Regeln zur Vorhersage von Mustern.[40] Diese Art der vorausschauenden Planung erlaubt es, Lieferketten effizienter und reaktionsschneller zu gestalten.

KI wird in der Logistik auch eingesetzt, um das Transportaufkommen vorherzusagen. Das ist besonders relevant, wenn externe Faktoren die Kapazität wichtiger Handelsrouten reduzieren – wie zum Beispiel beim Panamakanal, den in den letzten Jahren aufgrund von Dürre weniger Schiffe passieren konnten.[41] KI-gestützte Prognosen ermöglichen es, Engpässe frühzeitig zu erkennen und entsprechend zu planen, etwa durch die

---

[39] Vgl.: Selyukh, A. (2018): *Optimized Prime: How AI And Anticipation Power Amazon's 1-Hour Deliveries.* NPR. Link: https://www.npr.org/2018/11/21/660168325/optimized-prime-how-ai-and-anticipation-power-amazons-1-hour-deliveries, Zugriff: 05.01.2024.

[40] Vgl.: O'Flaherty, K. (2022): *The data game: what Amazon knows about you and how to stop it.* The Guardian. Link: https://www.theguardian.com/technology/2022/feb/27/the-data-game-what-amazon-knows-about-you-and-how-to-stop-it, Zugriff: 04.01.2024.

[41] Vgl.: Tagesschau (2023): *Schiffsverkehr im Panamakanal weiter eingeschränkt.* Link: https://www.tagesschau.de/wirtschaft/weltwirtschaft/panamakanal-schifffahrt-duerre-100.html, Zugriff: 04.01.2024.

rechtzeitige Buchung der Wasserstraße oder der Reservierung von Containerkapazitäten.

In der Lagerhaltung und im Bestandsmanagement spielen KI-Systeme ebenfalls eine wichtige Rolle. Durch Trendprognosen und Echtzeitanalysen können Materialmengen effizient gesteuert und kritische Bestände vermieden werden. Dadurch lassen sich die Lagerhaltung optimieren und das Risiko von Über- oder Unterbeständen minimieren.

Qualitätsmanagement

Im Qualitätsmanagement erweist sich KI als hilfreiches Werkzeug für die Erkennung und Prognose von Qualitätsschwankungen: Durch fortschrittliche Bildbearbeitungs- und Analysealgorithmen kann KI feinste Unregelmäßigkeiten und Abweichungen in Produkten identifizieren, die für das menschliche Auge kaum wahrnehmbar sind. Damit lassen sich Qualitätsmängel frühzeitig erkennen – und die Gesamtproduktqualität steigern. Darüber hinaus ist KI in der Lage, wertvolle Daten für nachgelagerte Prozesse bereitzustellen, um Qualitätsprobleme zu beheben, die in früheren Produktionsstufen aufgetreten sind. Das umfasst die Anpassung von Produktionsparametern, die Optimierung von Arbeitsabläufen oder die automatische Fehlerkorrektur. Durch solche Maßnahmen können Qualitätsprobleme systematisch reduziert und die Endproduktqualität bis zur Endabnahme verbessert werden.

RPA – Robotic Process Automation

Als Interim Manager erlebe ich aus erster Hand, wie Robotic Process Automation (RPA) die Landschaft der industriellen Automatisierung revolutioniert. RPA, verstärkt durch fortschrittliche KI-Technologien, ermöglicht es Robotern, vielschichtige und präzise Aufgaben in komplexen Produktionsumgebungen auszuführen. In einem meiner Projekte wurde RPA eingesetzt, um Roboter in Reinräumen arbeiten zu lassen. Diese speziellen Umgebungen erfordern höchste Präzision und Reinheit. Durch den Einsatz von RPA-fähigen Robotern wurde die menschliche Interaktion minimiert, was zu einer signifikanten Reduktion von Kontaminationsrisiken in den Reinräumen führte. Die Roboter waren in der Lage, empfindliche Prozesse mit hoher Genauigkeit und Konstanz durchzuführen, was die Qualität und Zuverlässigkeit der Produkte verbesserte. Auch in der Automobilindustrie wird RPA eingesetzt: Das Unternehmen KUKA, ein Marktführer in diesem Bereich, setzt RPA von UiPath ein, um die Effizienz und Präzision in der Motor- und Getriebefertigung zu steigern.[42] Diese Roboter können repetitive, präzise Aufgaben ausführen, wodurch die Produktionsgeschwindigkeit erhöht und die Fehlerquote reduziert wird.

Marketing und Vertrieb

Der Gartner Report „Future of Sales" prognostiziert, dass der Verkaufsprozess in den kommenden Jahren weitestgehend digitalisiert sein wird.[43] Eine kontinuierliche Evolution in diese Richtung scheint nur natürlich – und dennoch gehe ich davon aus, dass der menschliche Faktor in der Verkaufsberatung wei-

---

[42] Vgl.: UiPath: *Physische Roboter treffen Software-Roboter: Automatisierungskonzern KUKA AG optimiert mehr als 50 interne Prozesse mit Hilfe von RPA.* Link: https://www.uipath.com/de/resources/automation-case-studies/kuka-physical-robots-meet-software-robots, Zugriff: 04.01.2024.

[43] Vgl.: Gartner (2020): *The Future of Sales. Transformational Strategies for B2B Sales Organizations.* Download-Link: https://www.gartner.com/en/sales/trends/future-of-sales, Zugriff: 05.01.2024.

terhin eine wichtige Rolle spielen wird. Die Entwicklung von immer ausgefeilteren KI-Algorithmen im Marketing führt dazu, dass die Grenzen zwischen menschlicher und maschineller Beratung zusehends verschwimmen. Einkäufer bevorzugen zunehmend digitale Plattformen für den Einkauf, die automatisierte Auswertungen und Entscheidungsunterstützung bieten. Dieser Trend deutet darauf hin, dass der Wunsch nach menschlicher Interaktion in einigen Bereichen abnimmt.

Mit KI können Unternehmen heute bereits in Echtzeit datengestützte Entscheidungen treffen. Das erlaubt es ihnen, dem Kunden genau im richtigen Moment die relevantesten Informationen oder Produkte zu präsentieren, basierend auf einer Fülle verfügbarer Daten. Dies trägt zur Verbesserung der Kundenerfahrung (Customer Experience) und der Markenwahrnehmung (Brand Experience) bei, was entscheidend für den Erfolg im Marketing ist. KI ermöglicht Hyperpersonalisierung, mit der Produkte und Dienstleistungen präzise auf die individuellen Bedürfnisse und Vorlieben der Kunden zugeschnitten werden.[44] Doch es beginnt schon auf unteren Ebenen.

In meinem ersten KI-Projekt zielten wir darauf ab, kleine Transaktionen für Bestellungen unter 1.000 Euro zu automatisieren, um sie profitabler zu gestalten. Dies betraf verschiedene Phasen wie Kundenanfragen, Bestellungen, Aufträge und Auftragsbestätigungen. Da oft unklare Anfragen oder Bestellungen eintrafen, wurde KI eingesetzt, um mit dem Kunden Details zu klären und den Wunsch präzise zu erfassen. Sobald der Kundenwunsch klar war, erstellte die KI automatisch ein Angebot

---

[44] Vgl.: Deloitte (2020): *Connecting with meaning Hyper-personalizing the customer experience using data, analytics, and AI.* Link: https://www2.deloitte.com/content/dam/Deloitte/ca/Documents/deloitte-analytics/ca-en-omnia-ai-marketing-pov-fin-jun24-aoda.pdf, Zugriff: 05.01.2024.

oder eine Auftragsbestätigung. Wir haben beobachtet, dass die Unklarheit in der Kundenkommunikation tendenziell zunimmt, je kleiner der Kunde ist. Daher generierten wir zusätzlich ein Bestellformular, basierend auf den letzten Bestellungen des Kunden, um zukünftig eindeutigere Anfragen oder Bestellungen zu ermöglichen. Die so eingesparte Zeit konnte genutzt werden, um weiteres Verkaufspotenzial bei diesen Kunden zu identifizieren. Das führte zu intensiverer Kundenbetreuung und gleichzeitigem Anstieg von Umsatz und Rohertrag. Perspektivisch plant das Unternehmen, einen KI-Agenten oder Avatar als direkten Ansprechpartner für diese Kunden einzuführen.

Die Zukunft von Marketing und Vertrieb liegt definitiv in der Nutzung von KI. Denn dadurch wird die Kundenerfahrung verbessert und die Kundenloyalität erhöht. Trotz fortschreitender Digitalisierung bleibt der menschliche Faktor in bestimmten Aspekten des Kundenservices unersetzlich. Die Herausforderung besteht darin, das optimale Gleichgewicht zwischen KI-basierter Rationalität und menschlicher Empathie zu finden – um sowohl die Effizienz des Verkaufsprozesses zu steigern als auch eine tiefe und bedeutungsvolle Kundenbeziehung aufzubauen.

Doch selbst für das Training zwischenmenschlicher Interaktionen mit Kunden lässt sich heute KI einsetzen: Sogenannte „behavioral AI“, also verhaltensbasierte KI, kann das Lernverhalten und die Leistung des Verkaufspersonals analysieren und darauf basierend personalisierte Trainingsinhalte oder Empfehlungen für zusätzliche Ressourcen bereitstellen. So erhält jeder Verkäufer das Trainingsmaterial, das auf seine individuellen Bedürfnisse und Fähigkeiten zugeschnitten ist. Behavioral KI kann in Trainingssimulationen und Rollenspielen eingesetzt werden, um realistische Kundenszenarien zu schaffen. Die KI generiert auf Basis vergangener Kundeninteraktionen realistische und herausfordernde Szenarien, die Verkäufer auf tatsächliche Verkaufssituationen vorbereiten. Am Ende des Gesprächs gibt die KI Feedback und das nächste Lernziel wird vereinbart. So kann sich der Verkäufer kontinuierlich weiterentwickeln.[45]

Chancen und Herausforderungen von KI

„*Es gibt keinen Grund, warum irgendjemand einen Computer in seinem Haus wollen würde.*" – Ken Olson, Präsident, Vorsitzender und Gründer von Digital Equipment Corp., 1977.

Niemand lehnt sich weit aus dem Fenster, wenn er behauptet, KI wird sich in den kommenden Jahren exponentiell weiterentwickeln. Um sich exponentielles Wachstum vor Augen zu führen, lohnt sich eine kleine Exkursion ins Reich der Legenden. Sicherlich haben Sie von der „Reiskornlegende" gehört?

Die Reiskornlegende (manchmal auch Weizenkornlegende genannt) ist eine Erzählung über Sissa ibn Dahir, dem angeblichen Erfinder des Schachspiels im dritten oder vierten Jahrhundert n. Chr. in Indien. Die Geschichte macht deutlich, was exponentielles Wachstum bedeutet: Der Tyrann Shihram wird durch Sissas Erfindung, das Schachspiel, milde gestimmt. Sissa darf sich eine Belohnung wünschen – und wünscht sich eine scheinbar bescheidene Menge Reis: ein Korn auf das erste Feld des Schachbretts und auf jedes weitere Feld doppelt so viel wie auf das vorherige. Diese Forderung entpuppt sich als enorm, da die Gesamtanzahl der Reiskörner astronomisch hoch ist.

---

[45] Vgl.: Bolotnov, O. (2023): *How to create AI role-plays for sales training*. Pitchmonster.io. Link: https://www.pitchmonster.io/blog/how-to-create-ai-role-plays-for-sales-training-examples, Zugriff: 05.01.2024.

Mathematisch gesehen entspricht die Anzahl der Reiskörner auf dem letzten Feld 2 hoch 63, und die Gesamtanzahl der Reiskörner auf dem Schachbrett ist die Summe dieser exponentiellen Serie, was eine noch größere Zahl ergibt. Der Reisberg, den Sissa erhalten würde, wäre weit größer als der Mount Everest.

Der Punkt dabei ist: Es kommt so unerwartet. Innerhalb weniger Jahre vervielfachen sich die Entwicklungsschritte. Nach der berühmten Keynote von Steve Jobs zur Einführung des ersten iPhones 2007 war Nokia noch drei Jahre lang Marktführer. Doch in dieser Zeit entstanden unzählige Apps, der Appstore im Smartphone und weitere Entwicklungen in einer so atemberaubenden Geschwindigkeit, die Nokia nicht auf dem Schirm hatte – bis sich das Unternehmen plötzlich am Ende der Nahrungskette des Marktes wiederfand. Auch jüngere Beispiele machen es deutlich: ChatGPT hat gerade einmal zwei Monate gebraucht, um die 100-Millionen-User-Marke zu knacken. Die Technik wird immer leistungsstärker und immer kostengünstiger. Die Zukunft kommt über Nacht! All das bietet uns immense Chancen, birgt aber gleichzeitig auch Risiken.

Die Chancen: Grüne neue Welt

Hätte Technik nur eine Seite der Medaille – wir wären auf einem guten Weg zur Utopie. Lassen Sie uns nun einmal ausschließlich positiv denken und ein paar Bereiche skizzieren, in denen in den kommenden Jahren neue Errungenschaften auf uns zukommen könnten, darunter:

- Medizin und Gesundheitswesen,
- Umwelt und Nachhaltigkeit,

- Wirtschaft und Gesellschaft.

Medizin und Gesundheit

KI wird das Gesundheitswesen maßgeblich verändern. Eine der bedeutendsten Auswirkungen wird die Entwicklung personalisierter Behandlungspläne sein. Durch die Analyse großer Datenmengen – von genetischen Informationen bis hin zu Lebensstilfaktoren – können KI-Systeme individuelle Gesundheitsrisiken identifizieren und darauf basierend maßgeschneiderte Therapieempfehlungen geben. Dies wird nicht nur die Wirksamkeit von Behandlungen erhöhen, sondern auch Nebenwirkungen minimieren.

Ebenso wird KI in Zukunft eine Schlüsselrolle bei der Früherkennung und Diagnose von Krankheiten spielen. Durch den Einsatz von Algorithmen, die in der Lage sind, Muster in bildgebenden Verfahren wie MRTs, CT-Scans und Röntgenbildern zu erkennen, können Ärzte Krankheiten schneller und genauer diagnostizieren. Dies ist besonders bedeutsam bei der Erkennung von Krebs und neurodegenerativen Erkrankungen.[46]

KI wird Krankenhäuser und Kliniken dabei unterstützen, ihre Ressourcen effizienter zu nutzen. Von der Optimierung der Terminplanung bis hin zur Vorhersage von Patientenaufnahmen können KI-Systeme dabei helfen, Wartezeiten zu reduzieren und die Patientenversorgung zu verbessern. Die Mount Sinai Klinik in New York nutzt beispielsweise schon heute KI,

---

[46] Vgl.: Datarevenue: *Künstliche Intelligenz in der Medizin.* Link: https://www.datarevenue.com/de-blog/kuenstliche-intelligenz-in-der-medizin, Zugriff: 06.01.2024.

um vorauszuschauen, ob Menschen ins Delirium fallen.[47] Damit unterstützt sie die Ärzte bei der Priorisierung der Untersuchungen. Ohne KI wären sie von Zimmer zu Zimmer gegangen – heute gehen sie zu denjenigen Patienten, von der die KI aufgrund sich wiederholender Muster des Blutdrucks und der Laborwerte erkennt, wer gefährdet ist und eine direkte Untersuchung und Betreuung bzw. erhöhte Aufmerksamkeit benötigt. Damit sparen die Ärzte enorm viel Zeit, die sie für die Patienten nutzen können. 100 Millionen Dollar steckte die Klinik bereits in KI. Aber auch bei der Erkennung von Krankheitsbildern hilft KI schon heute.

Mit dem Aufkommen von tragbaren Technologien und Smart-Devices wird die Fernüberwachung von Patienten zur Realität. KI-gestützte Apps können kontinuierlich Gesundheitsdaten sammeln und analysieren, was es Ärzten ermöglicht, den Gesundheitszustand ihrer Patienten aus der Ferne zu überwachen und proaktiv zu handeln.

Über Arzneimittel habe ich bereits weiter vorne geschrieben: Die Medikamentenentwicklung ist ein langwieriger und kostspieliger Prozess. KI kann diesen Prozess beschleunigen, indem sie hilft, potenzielle Wirkstoffkandidaten schneller zu identifizieren. Das könnte die Entwicklung von Medikamenten für bisher schwer behandelbare Krankheiten vorantreiben. Sogenanntes „Multiomic Sequencing“ ist ein Ansatz in der biomedizinischen Forschung, der verschiedene „Omics“-Technologien integriert, um ein umfassendes Bild der molekularen Mechanismen in einer Zelle oder einem Organismus zu erhalten. „Omics“ bezieht sich auf die kollektive Charakterisierung und

---

[47] Vgl.: Miliard, M. (2020): *Mount Sinai puts machine learning to work for quality and safety*. Link: https://www.healthcareitnews.com/news/mount-sinai-puts-machine-learning-work-quality-and-safety, Zugriff: 06.01.2024.

Quantifizierung von Pools biologischer Moleküle, die zu Struktur, Funktion und Dynamik einer Zelle oder eines Organismus beitragen.[48]

Darüber hinaus wird KI auch eine wichtige Rolle in der Ausbildung von Ärzten und medizinischem Personal spielen. Durch Simulationen und virtuelle Realität können angehende Mediziner komplexe Verfahren üben und verschiedene Szenarien durchspielen, was zu einer verbesserten Patientenversorgung führt. Ein Beispiel: Im Universitätsklinikum Bonn ist es angehenden Chirurgen möglich, mit VR-Brillen die Sicht eines operierenden Chirurgen einzunehmen.[49]

All das wird positive Auswirkungen auf die Gesundheit unserer Gesellschaft haben. Wenn Krankheiten frühzeitig erkannt werden, sinken tendenziell auch die Behandlungskosten, was zu einer nachhaltigeren Gesundheitsversorgung führt.

Umwelt und Nachhaltigkeit

Bei der Förderung von Umweltschutz und Nachhaltigkeit wird KI ebenfalls eine wichtige Rolle spielen, denn sie bietet innovative Möglichkeiten, um einige der drängendsten Umweltprobleme anzugehen und nachhaltige Praktiken in verschiedenen Sektoren zu fördern. KI analysiert bei Bedarf immense Datenmengen aus verschiedenen Quellen, um ein genaueres Bild der Umweltveränderungen zu liefern. Durch die

---

[48] Vgl.: Little, L. (2023): An overview of -omics technologies in multi-omics. Link: https://frontlinegenomics.com/an-overview-of-omics-technologies-in-multi-omics/, Zugriff: 06.01.2024.

[49] Vgl.: Ärzteblatt (2022): *Chirurgie lernen über Virtual Reality*. Link: https://www.aerzteblatt.de/nachrichten/131188/Chirurgie-lernen-ueber-Virtual-Reality, Zugriff: 06.01.2024.

Analyse von Satellitenbildern und Umweltdaten können KI-Systeme dabei helfen, den Klimawandel besser zu verstehen, Trends vorherzusagen und effektive Gegenmaßnahmen zu entwickeln.

Im Energiesektor kann KI zur Optimierung von Stromnetzen und zur Erhöhung der Energieeffizienz beitragen. Durch die Vorhersage von Energieverbrauchsmustern und die intelligente Steuerung von Energieflüssen können KI-Systeme helfen, den Energieverbrauch zu reduzieren und erneuerbare Energiequellen effizienter zu nutzen.

In der Landwirtschaft werden KI-Technologien zunehmend wichtiger. Laut der Food and Agriculture Organization (FAO) der Vereinten Nationen vernichten Schädlinge bis zu 40 Prozent der weltweiten Ernte.[50] Landwirte stehen vor der Herausforderung, mehr Nahrung mit weniger Energie und Wasser zu produzieren, um eine immer größere Weltbevölkerung zu ernähren. Globale Urbanisierung und ein Trend weg von der Landwirtschaft führen schon seit längerem zu einem anhaltenden Arbeitskräftemangel in der Agrarbranche. Dies zwingt Landwirte, ihre Abhängigkeit von menschlichen Arbeitskräften zu reduzieren. Daher ist der Erfolg in der Landwirtschaft heute stärker denn je von Technologie abhängig. KI-basierte Tools können Landwirten dabei helfen, nachhaltigere Praktiken anzuwenden. Von präziser Bewässerung und Düngemittelverwendung bis hin zur Schädlingsbekämpfung können KI-gestützte Systeme die Effizienz steigern, Ressourcen schonen und die Umweltbelastung verringern. Beispielsweise können Sensoren in den Böden die Feuchtigkeit und Nährstoffe messen – und

---

[50] Vgl.: FAO: *Pest and Pesticide Management*. Link: https://www.fao.org/pest-and-pesticide-management/about/understanding-the-context/en/, Zugriff: 06.01.2024.

wenn nötig automatisch Bewässerungs- oder Düngermitteldrohnen lossenden, um betroffene Bodenbereiche zu besprühen.[51]

In der Abfallwirtschaft hilft KI bei der Sortierung von Abfall und der Identifizierung von recycelbaren Materialien. Das sorgt für effizientere Recyclingprozesse und trägt dazu bei, die Menge an Deponieabfällen zu reduzieren. Die Integration von KI in die Tourenplanung erlaubt es kommunalen Unternehmen, nachhaltiger zu arbeiten. Das ermöglicht sauberere Städte und Kommunen. Durch optimierte Routen sparen die Entsorgungsunternehmen Ressourcen und steigern die betriebliche Effizienz.

In der Stadtplanung kann KI dabei unterstützen, nachhaltiger zu werden. KI-Systeme können den Verkehr analysieren und umleiten, um Staus zu reduzieren und die Effizienz öffentlicher Verkehrsmittel zu erhöhen. Durch die Analyse von Verkehrs- und Industriedaten kann KI helfen, Emissionsquellen zu identifizieren und Vorschläge zur Verringerung zu machen. Zudem lässt sich KI einsetzen, um Stadtplaner und Architekten bei der Gestaltung von Stadträumen zu unterstützen, die sowohl ökologisch als auch für die Bewohner attraktiv und funktional sind. KI kann also das Werkzeug sein, dass uns schneller zu einer nachhaltigeren Lebensweise verhilft und viele Herausforderungen im Bereich Umwelt und Nachhaltigkeit meistert.

---

[51] Vgl.: Bundesinformationszentrum Landwirtschaft (2023): *Welche Rolle spielt Künstliche Intelligenz in der Landwirtschaft?* Link: https://www.landwirtschaft.de/landwirtschaft-verstehen/wie-funktioniert-landwirtschaft-heute/wird-kuenstliche-intelligenz-in-der-landwirtschaft-angewendet, Zugriff: 06.01.2024.

Wirtschaft und Gesellschaft

Laut McKinsey Global Institute (MGI), dem volkswirtschaftlichen Think Tank von McKinsey, könnte KI die jährliche Weltwirtschaftsleistung bis 2030 um 13 Billionen US-Dollar steigern.[52] Eine Studie von IW Consult im Auftrag von Google kommt zu dem Ergebnis: Allein mit generativer KI könnte die deutsche Wirtschaftsleistung um 330 Milliarden Euro wachsen.[53] Das sind fast 10 Prozent des deutschen Bruttoinlandprodukts von 2022.

Einer der Schlüsselfaktoren dieser wirtschaftlichen Steigerung ist die erhöhte Produktivität durch den Einsatz von KI. Die IW Consult-Studie geht davon aus, dass Arbeitnehmerinnen und Arbeitnehmer bis zu 100 Stunden pro Jahr durch den Einsatz generativer KI einsparen könnten.[54] Diese Zeitersparnis ermöglicht es, sich auf kreative, strategische oder zwischenmenschliche Aufgaben zu konzentrieren, insbesondere in Zeiten des Fachkräftemangels. KI-Systeme vermögen Unternehmen dabei zu helfen, komplexe Datenmuster zu analysieren und daraus wertvolle Erkenntnisse zu gewinnen. Diese verbesserte Entscheidungsfindung birgt das Potenzial effizienterer Geschäftsprozesse, höherer Kundenbindung und gesteigerter Gewinne.

---

[52] Vgl.: Bughin, J. et. al. (2018): *Notes from the AI Frontier: Modeling the Impact of AI on the World Economy*. MGI. Link: https://www.mckinsey.com/featured-insights/artificial-intelligence/notes-from-the-ai-frontier-modeling-the-impact-of-ai-on-the-world-economy, Zugriff: 06.01.2024.

[53] Vgl.: Bolwin, L. et. al. (2023): *Der digitale Faktor: Wie Deutschland von intelligenten Technologien profitiert*. IW Consult. Link: https://storage.googleapis.com/derdigitalefaktor/download/231128_IW_Google-Studie.pdf, Zugriff: 06.01.2024.

[54] Ebd.

Mit KI öffnen sich Unternehmen die Tore zu neuen Geschäftsmodellen, beispielsweise in den Bereichen Predictive Maintenance und Smart Service, intelligenter Energieverwaltung oder personalisierter Gesundheitsdienstleistungen. Diese Modelle basieren auf der Fähigkeit von KI, genaue Vorhersagen zu treffen oder hyperpersonalisierte Lösungen anzubieten. KI bietet auch die Möglichkeit, Geschäftsmodelle nachhaltiger zu gestalten. Unternehmen können damit ihre Lieferketten effizienter machen, den Energieverbrauch reduzieren und umweltfreundlichere Produkte entwickeln.

Kleine und mittelständische Unternehmen (KMU) könnten besonders von KI profitieren, da sie zunehmend leichteren Zugang zu Technologien erhalten, die zuvor nur großen Konzernen vorbehalten waren. Hierbei spielen Open-Source-Lösungen eine wichtige Rolle, die in vielen KI-Bereichen bereits auf dem Vormarsch sind.[55] Das führt im Idealfall zu einer Demokratisierung der technologischen Möglichkeiten und einer Stärkung der Wettbewerbsfähigkeit von KMU.

All diese wirtschaftlichen Vorteile haben einen direkten Einfluss auf die gesellschaftlichen Herausforderungen unserer Zeit, etwa auf die Gesundheitsfürsorge, den Umweltschutz oder die Bildung. Durch die Verbesserung dieser Sektoren kann KI einen direkten positiven Einfluss auf die Lebensqualität und auf unseren gesellschaftlichen Wohlstand haben.

---

[55] Vgl.: Coulter, M. et. al. (2023): *EU's AI Act could exclude open-source models from regulation.* Reuters. Link: https://www.reuters.com/technology/eus-ai-act-could-exclude-open-source-models-regulation-2023-12-07/, Zugriff: 06.01.2024.

Herausforderungen: Datenschutz, Ethik, Umverteilung

Wenden wir uns nun der anderen Seite der Medaille zu: den Herausforderungen und Risiken, die mit KI einhergehen. Das Zentrum für KI-Sicherheit in San Francisco vergleicht die Gefahren von KI mit denen einer globalen Pandemie oder eines Atomkrieges. In einem Statement dazu heißt es: „Die Gefahr, von KI ausgelöscht zu werden, sollte zusammen mit anderen gesellschaftlich bedeutsamen Risiken wie Pandemien und einem Atomkrieg eine globale Priorität haben.“[56] Unterschrieben haben dieses Statement zahlreiche Wissenschaftler, Politiker und Tech-Größen wie Sam Altman (OpenAI) und Bill Gates. Wenn sogar die Tech-Unternehmen selbst vor KI warnen, sollten Verantwortliche aus Politik und Wirtschaft das sehr ernst nehmen. Doch hierbei offenbart sich ein Dilemma: Tech-Unternehmen sind von Investoren abhängig und müssen im Markt wettbewerbsfähig bleiben. Sie stehen also unter Druck, KI so schnell wie möglich zu entwickeln und zu monetarisieren. Da bleibt wenig Zeit, um auf die Sicherheit der Systeme zu schauen.

Beleuchten wir nun drei Bereiche, die wohl eine besondere Herausforderung darstellen:

- Datenschutz und Cybersicherheit,
- Ethische Bedenken und Diskriminierung,
- Arbeitsmarkt und Umverteilung von Reichtum.

---

[56] Vgl.: Center for AI Safety: *Statement on AI Risk.* Link: https://www.safe.ai/statement-on-ai-risk, Zugriff: 07.01.2024

Datenschutz und Cybersicherheit

Der Schutz sensibler Daten erreicht in der Ära der KI eine neue Ebene der Komplexität: KI-Systeme verarbeiten und analysieren riesige Datenmengen – von persönlichen Informationen bis hin zu geschäftskritischen Daten. Diese Datenfülle birgt das Risiko von Datenschutzverletzungen, die sowohl Individuen als auch Unternehmen schwerwiegend schädigen können. Die Folgen könnten verheerend sein: Medizinische Daten ließen sich zum Beispiel für rechtswidrige Social-Scoring-Systeme missbrauchen. Social Scoring greift tief in die Privatsphäre der Menschen ein. Es erfasst und analysiert persönliche Daten, um eine Bewertung der Person vorzunehmen. Dies wirft ernsthafte Fragen hinsichtlich der Datenschutzrechte und der Autonomie des Einzelnen auf. Hierbei muss klar geregelt sein, auf welche Daten die KI Zugriff haben darf. Das ist selbst bei Websites nicht immer transparent.

Klar ist: Die traditionellen Ansätze zum Datenschutz werden bald nicht mehr ausreichen. Wir müssen innovative Sicherheitskonzepte entwickeln, die zeitgemäß sind und den neuen Herausforderungen gerecht werden. Die Bedrohung durch Cyberangriffe nimmt stetig zu. In meiner Ausbildung zum Aufsichtsrat an der Steinbeis Augsburg Business School habe ich gelernt, dass die Frage nicht mehr lautet, *ob* wir gehackt werden – sondern *wann*! Das Darknet ist eine Brutstätte für Cyberkriminalität, und die dortigen Akteure kümmern sich wenig darum, ob KI kontrollierbar bleibt. Künstliche Intelligenz kann für kriminelle Zwecke missbraucht werden, was ein ernsthaftes Risiko für die Wirtschaft darstellt.

Für Unternehmen bedeutet dies mehr denn je, sich mit Cybersicherheit auseinanderzusetzen. Ein bewährter Ansatz sind sogenannte Penetration-Tests: Hierbei wird ein Whitehat-

Hacker engagiert, also ein Hacker, der keine bösen Absichten verfolgt, sondern Firmen bei der Verbesserung der Sicherheitssysteme hilft. Indem er versucht, das IT-System eines Unternehmens zu hacken, offenbart er die Sicherheitslücken eben dieser Firma, so dass diese Abhilfemaßnahmen ergreifen kann.[57] Zur Einführung von KI in Unternehmen wird die Analyse der Chancen und Risiken empfohlen. Dabei sind bestehende Standards einzuhalten, wie zum Beispiel ISO 27001 zur Informationssicherheit und die IEEE P700-Serie, eine Ethikreihe für intelligente und autonome Systeme.

KI wird bereits heute zur Verbreitung von Fake News und Desinformation genutzt – eine schwere Bedrohung für Unternehmen und die Gesellschaft insgesamt. Im Herbst 2023 wurde der Schauspieler Tom Hanks Opfer eines Deepfakes: Ohne seine Einwilligung tauchte ein Werbespot auf, in dem ein Deepfake von ihm Werbung für Zahnpasta machte.[58] In Hollywood streikten 2023 unzählige Schauspieler und Statisten, weil sie ihre Jobs akut bedroht sahen. Theoretisch könnte ein Filmstudio einen 3D-Scan eines Schauspielers anfertigen – und hätte dann für immer seinen Avatar in der Filmkartei. Vielleicht erinnern Sie sich auch noch an das Deepfake-Foto, in dem Donald Trump verhaftet wird und sich gegen die Polizei wehrt – oder das Deepfake mit Papst Franziskus in Balenciaga-Designer-Klamotten? Das waren noch Spielereien. Aber denken

---

[57] Vgl.: IBM: *What is penetration testing?* Link: https://www.ibm.com/topics/penetration-testing, Zugriff: 07.01.2024.

[58] Vgl.: The Guardian (2023): *Tom Hanks says AI version of him used in dental plan ad without his consent.* Link: https://www.theguardian.com/film/2023/oct/02/tom-hanks-dental-ad-ai-version-fake, Zugriff: 07.01.2024.

Sie an ein Deepfake-Video eines CEOs, der Desinformationen verbreitet und die Börsenkurse einstürzen lässt.

Schon George Orwell beschäftigte sich in seinem Roman „1984“ mit den Gefahren der Überwachung und Bevormundung der Bürger durch KI-Technologien. In einer Steinbeis Mittelstandsumfrage aus dem Jahr 2023 wurden genau diese Punkte als größte Gefahren genannt.[59] Die Angst vor einer Entwicklung, bei der KI außer Kontrolle gerät, ist ebenfalls präsent. Es besteht die Sorge, der KI ausgeliefert zu sein, was zu unvorhersehbaren und gefährlichen Situationen führen könnte.

Ethische Bedenken und Diskriminierung

Der russisch-amerikanische Biochemiker und Schriftsteller Isaac Asimov formulierte 1942 in seiner Science-Fiction-Kurzgeschichte „Runaround“ die sogenannten Robotergesetze, die wir heute auf Künstliche Intelligenz übertragen:

1. Ein Roboter darf einem menschlichen Wesen keinen Schaden zufügen oder durch Untätigkeit zulassen, dass einem menschlichen Wesen Schaden zugefügt wird.

2. Ein Roboter muss den Befehlen gehorchen, die ihm von Menschen erteilt werden, es sei denn, dies würde gegen das erste Gebot verstoßen.

3. Ein Roboter muss seine eigene Existenz schützen, solange solch ein Schutz nicht gegen das erste und zweite Gebot verstößt.

---

[59] Vgl.: Dripke, A. et. al. (2023): *KI Report 2023/24: Wie das Topmanagement in Deutschland, Österreich und der Schweiz mit Künstlicher Intelligenz umgeht.* DC Publishing. ISBN: 3986740899.

In weiteren Science-Fiction-Romanen stellte Asimov noch das „nullte Robotergesetz“ auf: Ein Roboter darf der Menschheit keinen Schaden zufügen oder durch Untätigkeit zulassen, dass der Menschheit Schaden zugefügt wird. Die Regeln eins bis drei werden diesem nullten Gesetz untergeordnet.[60]

Roboter im militärischen Bereich folgen diesen Gesetzen nicht. Bereits im Gaza-Streifen und in der Ukraine wird KI zur Identifikation von Zielen in sehr aufwändigen Verfahren eingesetzt. Dazu zählen Bewegungsmuster und weitere Daten der Aufklärung. Das Unternehmen Shield AI baut Drohnen, die auch für militärische Zwecke mit einer Nutzlast von 25kg je Drohne eingesetzt werden können. An den Zielen von Shield AI können wir das ethische Dilemma erkennen: Der CEO von Shield AI erläutert, dass die Drohne nicht eigenständig über ihren Kampfeinsatz entscheidet. Allerdings arbeiten die Entwickler daran, ihnen menschenähnliche Fähigkeiten zu vermitteln, was zu einer autonomen Entscheidungsfindung der Drohnen führen könnte, wen oder was sie angreifen wird. Die KI-Ergebnisse eines Drohnenschwarms zu überwachen, dürfte schwierig sein. Wahrscheinlich ist es nur eine Frage der Zeit, bis die Drohnen eigene Entscheidungen treffen sollen und dürfen. Der Terminator lässt grüßen.

Aber auch im zivilen Alltag treten ethische Bedenken auf. Das prominenteste Beispiel liefert autonomes Fahren. Aufgrund welcher Kriterien entscheidet der Algorithmus, in welche Richtung er ausweichen soll – wenn in beiden Richtungen Menschen zu Schaden kommen? Der Algorithmus macht zwar bereits heute weniger Fehler als der Mensch. Aber: Gilt das bald

---

[60] Vgl.: Lohrmann, J. et. al. (2020): *Isaac Asimov*. WDR, Planet Wissen. Link: https://www.planet-wissen.de/technik/computer_und_roboter/roboter_mechanische_helfer/pwieisaacasimov100.html, Zugriff: 07.01.2024.

für alle KI-Algorithmen? Wie behalten wir die Kontrolle? Schwierige Fragen, die wir zügig beantworten müssen.

Das Thema Diskriminierung taucht ebenfalls immer wieder auf: Bias (Verzerrungen) in KI-Systemen entstehen oft durch voreingenommene Trainingsdaten, die die existierenden sozialen und kulturellen Vorurteile widerspiegeln. Solche Verzerrungen können schwerwiegende Folgen haben: Wenn KI-Systeme auf Daten basieren, die historische Ungleichheiten reflektieren, können sie diese Ungleichheiten weiter verstärken.

Beispielsweise kann eine KI im Personalwesen, die mit Daten trainiert wurde, die eine Unterrepräsentation von Frauen in Führungspositionen zeigen, Männer gegenüber Frauen bevorzugen. Verzerrte KI kann in kritischen Bereichen wie der Strafjustiz oder medizinischen Diagnosen zu ungerechten oder falschen Entscheidungen führen. Das beeinflusst direkt das Leben von Menschen, beispielsweise durch ungerechtfertigte Verurteilungen oder fehlerhafte medizinische Behandlungen.

Wer trägt die Verantwortung bei solchen Fehltritten? Der Entwickler der KI? Der Nutzer, der sie einsetzt? Oder etwa das System selbst? Die Frage der Verantwortlichkeit bei KI-Entscheidungen ist komplex, da KI autonom agieren kann. Diese Unklarheit erschwert die rechtliche und ethische Zuschreibung von Verantwortung. Es bedarf klarer rechtlicher und ethischer Rahmenbedingungen, um die Verantwortlichkeiten im Umgang mit KI festzulegen. Politik, Wirtschaft und Wissenschaft müssen ethische Standards und Richtlinien entwickeln, die idealerweise weltweit gelten.

Arbeitsmarkt und Umverteilung

Bill Gates schrieb in seinen *Gates Notes*, dass er die Drei-Tage-Woche für realistisch hält. KI hat das Potenzial, Arbeitsplätze zu ersetzen und die Produktivität in vielen Bereichen zu steigern. IBM-CEO Arvind Krishna erklärte 2023, dass er von einem Einstellungsstopp für Positionen in der Verwaltung ausgeht; die entsprechenden Tätigkeiten könnten in den kommenden Jahren von der KI erledigt werden.[61]

Der Verkauf wird mit Sicherheit betroffen sein. Wer sich die in den letzten Jahren explodierenden Geschäftevolumina über das Internet vergegenwärtigt, dem wird schnell klar: Immer mehr Menschen kaufen anonym – nicht nur im B2C-, sondern auch zunehmend im B2B-Bereich. Laut einer Steinbeis-Studie von 2023 wird KI vor allem auf den Gebieten Logistik (58 Prozent), Supply Chain (56 Prozent), Produktion (53 Prozent), Marketing (51 Prozent) und Produktentwicklung (51 Prozent) eingesetzt. Auffallend niedrig ist der KI-Einsatz im Bereich People & Culture mit Ausnahme der Lohn- und Gehaltsabrechnung. Wenn die KI immer mehr erledigen kann – wird der Mensch dann nutzlos? Zumindest kann es zu einer ungleichen Verteilung von Wohlstand und Einkommen führen. Hierbei spielen mehrere Faktoren eine Rolle:

Mit dem Vormarsch der KI verschiebt sich der wirtschaftliche Wert zunehmend von menschlicher Arbeit hin zu Kapital, das in Technologien investiert wird. Dies könnte die Einkommensungleichheit verschärfen, da die Besitzer und Investoren von KI-Technologien disproportionale Gewinne erzielen, wäh-

---

[61] Vgl.: Ford, B. (2023): *IBM to Pause Hiring for Jobs That AI Could Do*. Bloomberg. Link: https://www.bloomberg.com/news/articles/2023-05-01/ibm-to-pause-hiring-for-back-office-jobs-that-ai-could-kill, Zugriff: 07.01.2024.

rend traditionelle Arbeitsplätze an Wert verlieren oder verschwinden. Herkömmliche Methoden der Umverteilung wie Steuern und Sozialleistungen reichen dann möglicherweise nicht mehr aus, um die durch KI verursachten ökonomischen Unterschiede auszugleichen. Diese Systeme wurden in einer Zeit entwickelt, in der menschliche Arbeit die primäre Einkommensquelle darstellte – und sind nicht auf eine Welt vorbereitet, in der Kapital und Technologie dominieren. Gefragt sind innovative Ansätze zur Umverteilung des durch KI generierten Wohlstands: Eine Robotersteuer, bedingungsloses Grundeinkommen, Gewinnbeteiligungen – all diese Aspekte müssen diskutiert werden.

Die Umsetzung dieser neuen Ansätze erfordert nicht nur wirtschaftliche Überlegungen, sondern auch gesellschaftliche Akzeptanz und politische Entschlossenheit. Debatten über die gerechte Verteilung von Wohlstand müssen unter Einbeziehung aller Gesellschaftsschichten geführt werden, um faire und praktikable Lösungen zu finden.

Zukunftsausblick und Empfehlungen

„*640 KB sollten genug für jedermann sein.*" – Bill Gates, 1981.

Im Sommer 2023 nahm ich an einer Führung im Burda Museum in Baden-Baden teil. Die Ausstellung „Der König ist tot, lang lebe die Königin" zeigte Werke unterschiedlicher Künstlerinnen, die mit dem Machogehabe einer männerdominierten Welt brechen. Am Ende der Führung standen wir vor einem riesigen Bild mit Dinosauriern. Die Museumsführerin sagte: „So wird es auch uns Menschen ergehen." Tatsächlich gibt es Zukunftsszenarien, in denen die Menschheit für die KI so viel Bedeutung hat wie heute Tauben für uns. Tauben sind zwar vorhanden, haben aber keine Bedeutung für unser Leben. Sobald die KI die Singularität erreicht hat, also die menschliche Intelligenz übertrifft und sich dadurch selbst verbessern kann, könnte sie zu dem Entschluss kommen: Der Mensch stellt die größte Bedrohung für die Erde dar. Wird sie sich dann noch von den menschlichen Regeln steuern lassen? Werden wir noch begreifen, was die KI tut? Werden wir Regeln haben, die Transparenz für uns Menschen ermöglichen? Ich bezweifle es.

Als unverbesserlicher Optimist glaube ich fest daran, dass wir die Kontrolle über unsere Zukunft behalten können, wenn wir als Menschheit gemeinsam handeln, um unseren Planeten zu retten. Wir haben keine Alternativen zu unserer Erde; daher ist es unerlässlich, den Willen und die Weisheit zu finden, um sie zu schützen. Mit der Unterstützung von KI und Quantencomputern haben wir die technologischen Mittel, um schnell zu handeln. Doch dafür ist es notwendig, dass viele Menschen bereit sind, ihren übermäßigen Luxus zu reduzieren. Die Frage ist, ob wir das gemeinsam als Menschheit erreichen können.

Die Zukunft der Künstlichen Intelligenz ist vergleichbar mit der Erfindung des Buchdrucks, der Dampfmaschine oder des Internets. In den kommenden Jahren wird KI viele traditionelle Jobs ersetzen. Beispielsweise werden weniger Lkw-Fahrer benötigt, administrative Prozesse in Versicherungen und Verkaufsaufgaben werden zunehmend automatisiert – und KI wird repetitive Aufgaben sowie Prognosen übernehmen.

In Branchen wie Pharma, Medizintechnik, Halbleiter, Chipfertigung, Optoelektronik und E-Mobilität ist ein anhaltendes Wachstum zu beobachten, getrieben durch den Trend zur Autonomie und Reaktion auf Versorgungsengpässe. Allerdings gibt es auch Herausforderungen, besonders in der deutschen Automobilindustrie, wo Prioritäten möglicherweise falsch gesetzt sind: Deutschland hat derzeit noch einen Vorsprung bei der Hardware und der Steuerung von Assistenzsystemen, liegt aber in Bereichen wie der Batteriefertigung und Digitalisierung weit zurück. Innovationen wie Feststoffbatterien und grünes Methanol könnten das Spiel verändern. Die Vereinten Nationen haben kürzlich einen Motor zertifiziert, der grünes Methanol verbrennt und dadurch das Problem schwerer Batterien bei Elektroantrieben löst. Diese Innovation könnte größere Zukunftschancen haben als herkömmliche Verbrennungs-, Elektro- oder Wasserstoffantriebe.

Deutschland hinkt indes in der Digitalisierung hinterher. Das Land muss seinen Rückstand aufholen, um bei der Gestaltung der Zukunft mitzureden. Das Problem liegt nicht an einer bestimmten Partei, sondern am System selbst, das nicht schnell genug auf Veränderungen reagieren kann. Trotz der Bedeutung der Demokratie könnte unser aktuelles System die notwendige Beschleunigung nicht überstehen. Es hängt von Einzelpersonen, ihrem Können, ihrer Energie und Zuversicht ab, wie Deutschland in dieser sich schnell verändernden Welt der KI mithalten kann.

Darum sind Sie gefragt, Unternehmer und Unternehmerinnen, Verantwortliche in wichtigen wirtschaftlichen Positionen: Nutzen Sie die Potenziale von KI und investieren Sie in diese Technologie, um die Zukunftsfähigkeit Ihrer Unternehmen und den gesellschaftlichen Wohlstand sowie nachhaltigen Fortschritt zu sichern. Werden Sie zu mutigen Vordenkern: Beschreiten Sie neue Wege bei der verantwortungsvollen Nutzung von KI. Gehen Sie Kooperationen ein und denken Sie an das große Ziel, das für uns alle Priorität haben muss: Das Wohl unseres Planeten und das Überleben der Menschheit. Denn das ist die einzig wahre Rendite der Zukunft!

Management-Umfrage KI in DACH

Es gibt eine Vielzahl von Untersuchungen, Umfragen und Studien zum Einsatz von Künstlicher Intelligenz in den USA, aber vergleichsweise wenig belastbares Material dazu in Deutschland, Österreich und der Schweiz. Vor diesem Hintergrund haben United Interim, die führende Community für Interim Manager in der DACH-Region, die Denkfabrik Diplomatic Council mit Beraterstatus bei den Vereinten Nationen und die Steinbeis Augsburg Business School mit Unterstützung der Oberösterreichischen Landesbank im zweiten Halbjahr 2023 eine Umfrage zu KI im C-Level-Management im deutschsprachigen Raum durchgeführt.

Es war dabei nicht die Absicht, ein repräsentatives Ergebnis zu erreichen, sondern den Fokus spezifisch auf die Zielgruppe von Topmanagern aus der mittelständischen Wirtschaft in Deutschland, Österreich und der Schweiz zu legen. Dazu gehören insbesondere Vorstände, Geschäftsführer, Aufsichts- und Verwaltungs- sowie Beiräte und C-Level-Berater. Hierzu wurden 100 Personen aus dieser Zielgruppe einer strukturierten Befragung unterzogen, die online durchgeführt wurde. Die äußerst aufschlussreichen Ergebnisse werden nachfolgend dargestellt.

Manager: KI überwiegend positiv

Die Mehrheit der Führungskräfte im Mittelstand ist fest davon überzeugt, dass Künstliche Intelligenz mehr Vorteile als Nachteile mit sich bringt. Demnach stufen 55 Prozent der mittelständischen Entscheider KI als „äußerst positiv“ und weitere 30 Prozent als „überwiegend positiv“ ein. 86 Prozent erwarten, dass Künstliche Intelligenz künftig so selbstverständlich werden wird wie elektrischer Strom. Aber nur ein knappes Drittel ist sich sicher, dass die KI mehr Gewinner als Verlierer hervorbringen wird. Ein anderes Drittel ist vom Gegenteil überzeugt. Das dritte Drittel gibt sich unentschlossen in der Bewertung der Chancen und Risiken.

Die Bedeutung und das Potenzial von KI sind also erkannt. 63 Prozent der Topmanager im Mittelstand sind fest davon überzeugt, dass Künstliche Intelligenz die Produktivität erhöhen wird. Das bedeutet, dass sie sich Mühe geben werden, auch im eigenen Betrieb Produktivitätssteigerungen durch KI zu erreichen.

KI bei wichtigen Entscheidungen

Gut die Hälfte der Führungskräfte (52 Prozent) will KI in Zukunft bei wichtigen Entscheidungen im Unternehmen einen hohen Stellenwert einräumen. Eine knappe Hälfte (49 Prozent) geht fest davon aus, dass durch KI-Systeme Erkenntnisse ans Tageslicht kommen werden, die selbst gut informierte Vorstände und Geschäftsführer überraschen.

Ein weiteres Drittel schließt derartige KI-Überraschungen zumindest nicht aus. KI-Analysen können tatsächlich Korrelationen bei Betriebsabläufen oder beim Marktgeschehen zutage fördern, an die nie zuvor ein Mensch auch nur gedacht hatte.

Drei Viertel der Topmanager vertreten die Auffassung, dass ihnen der Einsatz von Künstlicher Intelligenz künftig helfen wird, fundiertere und klügere Entscheidungen zu treffen. 56 Prozent setzen dabei vor allem auf die schnellere und bessere

Bereitstellung einer Faktenbasis als Grundlage für Entscheidungen.

60 Prozent versprechen sich von KI eine intensivere Beobachtung der Marktlage und der Wettbewerbssituation. 69 Prozent begrüßen, dass sie dank KI weniger abhängig sind von „Zuarbeitern“ etwa aus Fachabteilungen oder dem Sekretariat.

Bei ihrer originären Führungsaufgabe sehen sich zwei Drittel der Topmanager durch KI-Systeme unterstützt.

Der Funke von ChatGPT ist also schnell in die Chefetagen des Mittelstands übergesprungen. Nun kommt es darauf an, dieses Gedankengut zügig in den Betrieben umzusetzen, damit die erhofften Positiveffekte tatsächlich eintreten können.

Jobgefahr vor allem im unteren Management

Leidtragende des KI-Booms im Management ist der Umfrage zufolge die untere Führungsebene. Demnach könnten über die Hälfte aller Positionen im unteren Managementbereich durch KI wegrationalisiert werden. Im Topmanagement (C-Level) hingegen soll die Jobgefahr durch KI bei unter einem Prozent liegen, im mittleren Management bei acht Prozent, so die feste Überzeugung der Befragten.

Aber: Das sollte keineswegs zur Beruhigung im mittleren Managementsegment verführen. Es scheint absehbar, dass auf Dauer keineswegs nur die untere Ebene wegfällt, sondern in weiten Teilen auch die mittlere.

Typische Aufgaben etwa von Abteilungsleitern wie das Sammeln, Verdichten und Interpretieren von Daten, die Aufstellung von Szenarien oder die Entwicklung von Zielvorgaben kann ein KI-System nämlich häufig besser und schneller als eine Führungskraft der mittleren Ebene.

Wer sich im mittleren oder gar unteren Management befindet, setzt also entweder alles daran, so rasch wie möglich aufzusteigen – oder es besteht eine akute Jobgefahr. Noch nie war eine schnelle Karriere so wichtig wie im KI-Zeitalter, könnte man formulieren.

Eine Chance könnte für das mittlere Management darin liegen, KI besonders innovativ zu nutzen und sich damit zu profilieren. Denn viele Unternehmen wollen zwar KI einsetzen, aber eigentlich nur, um das, was sie bereits gut machen, noch besser zu machen. Das dürfte in vielen Fällen angesichts anderer Unternehmen, die Spielregeln im Markt verändern, zu wenig sein. Wenn dies der eine oder andere Manager aus dem C-Level nicht erkennt, könnten entsprechende Impulse aus der mittleren Ebene kommen.

Für die eigene Karriere förderlich stufen gut zwei Drittel der Führungskräfte Künstliche Intelligenz ein. Manager, die über KI gut informiert sind und die betrieblichen Einsatzmöglichkeiten zügig ausschöpfen, sehen demnach einer steilen Karriere entgegen.

Manager akzeptieren KI an der Spitze

Mehr als die Hälfte der Führungskräfte aus der mittelständischen Wirtschaft wäre damit einverstanden, bei wichtigen unternehmerischen Entscheidungen künftig die Meinung eines KI-Systems einzuholen. Sie geht davon aus, dass KI künftig eine immer wichtigere Rolle bei Unternehmensentscheidungen spielen wird.

Diese hohe Akzeptanz von Künstlicher Intelligenz auf der obersten Leitungsebene ist erstaunlich. Rund 57 Prozent der befragten Mittelstandsmanager vertreten die Ansicht, dass es im Sinne der Corporate Governance begrüßenswert wäre, wenn künftig bei wichtigen Entscheidungen eine KI-Meinung eingeholt und berücksichtigt würde. Knapp 30 Prozent sind fest davon überzeugt, dass dadurch bessere unternehmerische Entscheidungen gefällt würden.

Die Forderung eines Teils der Unternehmenslenker geht sogar noch weiter: Ein knappes Drittel wünscht sich, dass von der KI-Meinung abweichende Entscheidungen in Zukunft begründet werden müssten. Diese Fälle sollten Shareholdern und staatlichen Stellen gegenüber offengelegt werden, geben die befragten Manager einen interessanten Denkanstoß.

Der KI-Impuls ist im Topmanagement angekommen

In der oberen Managementetage des Mittelstands ist der KI-Impuls somit angekommen. Vorstände, Geschäftsführer, Aufsichtsräte und Beiräte haben überwiegend begriffen, dass Künstliche Intelligenz nicht nur in ihren Unternehmen eine Rolle spielt, sondern auch in ihren eigenen Gremien.

Die am häufigsten geäußerte Begründung der Topmanager für die Forderung nach mehr KI-Meinung an der Firmenspitze ist bemerkenswert: mehr Rationalität bei der Entscheidungsfindung im Unternehmen. Entgegen landläufiger Meinung ist den meisten Führungskräften durchaus klar, dass häufig emotionale Faktoren wie Machtstreben eine wesentliche Rolle bei betrieblichen Entscheidungen spielen.

Die Umfrage stellt klar, dass viele Entscheidungsträger diese Ego-getriebenen Kräfte zurückdrängen wollen zugunsten vernünftigerer und damit in der Regel für das Unternehmen besserer Entscheidungen.

Die Umfrage zeigt indes auch, dass das Topmanagement im Mittelstand nicht nur sich selbst, sondern auch die Politik in die KI-Pflicht nehmen will. Über die Hälfte (53 Prozent) wünscht sich künftig eine KI-Unterstützung bei politischen Entscheidungen. Beinahe drei Viertel der Mittelstandsmanager (72 Prozent) gehen davon aus, dass Künstliche Intelligenz mehr Logik und Rationalität in die Politik bringen könnte.

KI ist nicht so objektiv wie man vermuten könnte

Wenn der KI sowohl in der Wirtschaft als auch in der Politik eine derart große Rolle in Zukunft zugeschrieben wird, kommt es vor allem auf die Algorithmen und die Datengrundlagen der KI-Systeme an. Denn Künstliche Intelligenz ist keineswegs so neutral und objektiv, wie es die Umfrageergebnisse auf den ersten Blick vermuten lassen könnten. Natürlich ist die KI selbst nicht Ego-getrieben, aber bei ihrer Programmierung spielen sehr wohl die Interessenslagen der Anbieter und ihr politischer und gesellschaftlicher Kontext eine Rolle.

Dies wird anhand eines einleuchtenden Beispiels deutlich: Es macht einen Unterschied, ob ein deutsches Unternehmen zur Entscheidungsunterstützung ein US-amerikanisches oder ein chinesisches KI-System einsetzt. Zudem könnte ein- und dasselbe System künftig zu unterschiedlichen Schlussfolgerungen gelangen, je nachdem, ob es innerhalb oder außerhalb der EU-Grenzen angefragt wird, weil dem entsprechend die EU-Regularien zum Tragen kommen oder eben nicht. Bei Überlegungen, die den Weltmarkt oder spezifische Regionen wie Nordamerika oder Asien betreffen, könnte die europäische Sichtweise also möglicherweise eingeschränkt werden.

Das sind nur einige wenige Szenarien, die klarmachen, dass die Objektivität von KI-Systemen nicht per se gegeben ist, sondern man den jeweiligen Kontext sehr genau unter die Lupe nehmen muss. Dies in den Griff zu bekommen, wird künftig eine wichtige Aufgabe für Manager (und Politiker) gleichermaßen werden.

Hohe KI-Awareness im Mittelstand

Je höher auf der Karriereleiter, desto stärker die Entlastung durch Künstliche Intelligenz – das ist zwar eine Verallgemeinerung, aber diese Tendenz lässt sich aus der Umfrage, die diesem Report zugrunde liegt, herauslesen.

So gaben 39 Prozent der kontaktierten Vorstände und Geschäftsführer an, dass sie ihrer Führungsaufgabe dank KI auf jeden Fall besser nachkommen können. Im mittleren Management liegt diese Quote bei 35 Prozent, auf der unteren Managementebene bei 32 Prozent. Interim Manager liegen mit 37 Prozent recht weit oben in der KI-Hierarchie.

Das darf man sicherlich als Indiz dafür werten, dass Interim Manager vor allem auf dem C-Level eingesetzt werden – eine Einordnung, die dem Kompetenzspektrum eines Großteils der Interim Manager sicherlich auch gerecht wird. Im Durchschnitt lässt sich sagen, dass rund ein Drittel aller Führungskräfte Künstliche Intelligenz für ihre ureigene Managementaufgabe entdeckt hat.

Deutlich breiter geht die Zustimmung im Management, wenn auch Teilaspekte hinzugenommen werden, die sich mit KI besser oder schneller erledigen lassen. In diesem Fall liegt die „KI-Quote“ unter Vorständen bzw. Geschäftsführern bei 74 Prozent, im mittleren Management bei 76 Prozent und im unteren Management bei 69 Prozent. Interim Manager – kommen auf 73 Prozent.

Man kann zusammenfassen: Die KI-Awareness im mittelständischen Management ist bemerkenswert hoch. Knapp drei Viertel aller Führungskräfte der obersten und mittleren Ebene setzen in ihrem Berufsalltag in irgendeiner Form KI ein.

Der auffallend hohe Durchdringungsgrad von KI in den Führungsetagen des Mittelstands gibt Hoffnung, dass sich KI in der hiesigen Unternehmenswelt zügig durchsetzen wird, um die Produktivität und damit die Wettbewerbsfähigkeit vor allem auf den internationalen Märkten zu steigern. Das ist insofern wichtig, als wir derzeit einen globalen Wettbewerb erleben, mit welcher Geschwindigkeit und in welchem Umfang sich Unternehmen die erheblichen Produktivitäts- und Kostenvorteile, die sich durch KI erreichen lassen, zunutze machen. Gemessen an diesem KI-Indikator der Wirtschaft schneidet der Mittelstand in Deutschland, Österreich und der Schweiz sehr gut ab.

Wie stark sich nach Einschätzung der Topmanager das Geschäft dank KI in den nächsten fünf Jahren ausweiten lässt, wurde im Rahmen der Umfrage abgefragt. Um mindestens 50 Prozent, schätzten 28 Prozent der Befragten. 20 Prozent oder mehr gaben 60 Prozent der Mittelstandsmanager an.

Wo die Wirtschaft KI einsetzt

In welchen Abteilungen und bei welchen betriebswirtschaftlichen Aufgabengebieten plant die mittelständische Wirtschaft den Einsatz von Künstlicher Intelligenz? Dieser Frage ist die Umfrage in Deutschland, Österreich und der Schweiz ebenfalls nachgegangen.

Produktion und Logistik am wichtigsten

Das Ergebnis lässt sich wie folgt zusammenfassen: in beinahe allen Bereichen, aber am stärksten in der Produktion und Logistik und am wenigsten in der innerbetrieblichen Kommunikation.

So stufen 89 Prozent der befragten Manager den KI-Einsatz in der Fertigung in der einen oder anderen Form als gegeben ein; 53 Prozent halten KI für eine künftige Kernkompetenz in der Produktion. In der Logistik räumen 57 Prozent der KI eine Schlüsselfunktion ein; weitere 32 Prozent sehen dort zumindest Anknüpfungspunkte für KI. Ähnlich hoch schätzen die mittelständischen Führungskräfte die KI-Nutzung im Supply Chain Management ein: 56 Prozent Kernfunktion, 33 Prozent Anknüpfungspunkte.

Produktentwicklung und Marketing ebenfalls wichtig

Mehr als die Hälfte der Mittelstandsmanager sind zudem fest davon überzeugt, dass KI in der Produktentwicklung (51 Prozent) und im Marketing (52 Prozent) eine führende Rolle spielen wird. 40 Prozent versprechen sich deutliche Vorteile durch die KI-Nutzung im Vertrieb; weitere 38 Prozent erwägen zumindest den Einsatz im Rahmen von Vertriebsstrategien. Vor allem die Kundenkommunikation wollen mehr als drei Viertel (77 Prozent) der Topmanager mittels Künstlicher Intelligenz optimieren.

Bei der Entwicklung neuer Geschäftsmodelle haben 38 Prozent der Befragten fest vor, sich von KI-Systemen helfen zu lassen. Weitere 34 Prozent wollen hierzu zumindest teilweise auf KI-Unterstützung zurückgreifen.

Geringer KI-Einsatz im Personalwesen

Auffallend niedrig ist der Ruf nach Künstlicher Intelligenz in der Personalabteilung. 64 Prozent halten den KI-Einsatz im Personalwesen zwar nicht für abwegig, aber nur 34 Prozent stufen ihn dort als wichtig ein. Etwas KI-freundlicher sieht es laut Umfrage bei der Lohn- und Gehaltsabrechnung aus: 77 Prozent sehen Ansatzpunkte, aber nur 40 Prozent halten KI dort für zwingend notwendig.

Künstliche Intelligenz kann maßgeblich zum Umweltschutz und zur Erreichung der Klimaziele beitragen, wird oftmals behauptet. Das spiegelt die Umfrage für die Wirtschaft ebenfalls wider. Drei Viertel der Firmenbosse im Mittelstand wollen KI nutzen, um die Nachhaltigkeit ihres Unternehmens zu verbessern. Für ein Viertel steht dieser Aspekt ganz weit oben auf ihrer Agenda für den betrieblichen KI-Einsatz.

Chancen und Risiken

Gleichgültig, auf welchem Gebiet KI zur Anwendung gelangt, gilt es stets, sie eher als Chance denn als Angstmacher zu begreifen. Doch für viele Manager stellt Künstliche Intelligenz nämlich einen Angstfaktor dar, weil sie befürchten, dass ihre

Jobs durch KI wegrationalisiert werden. Erst nachdem sie gelernt haben, wie KI funktioniert und wie sie sich verwenden lässt, setzen sie sie auch ein – und zwar, um ihre Jobs besser zu machen und diese damit zu sichern.

Aber natürlich gibt es nicht nur Chancen, sondern auch Risiken, wie nachfolgend deutlich wird.

Fake News mit fatalen Folgen

Die Erzeugung und Verbreitung von Fake News stellt die größte Gefahr Künstlicher Intelligenz dar. Davon sind beinahe drei Viertel (73 Prozent) der Topmanager aus der mittelständischen Wirtschaft in Deutschland, Österreich und der Schweiz überzeugt. An zweiter Stelle liegt die Nutzung von KI-Software durch Cyberkriminelle, die 60 Prozent der Führungskräfte aus dem Mittelstand als äußerst besorgniserregend einstufen.

Bei Falschnachrichten haben die Manager laut Umfrage künstlich generierte Texte, Bilder und Videos gleichermaßen im Blick. Nachfolgend seien einige Beispiele für Gefahrenszenarien genannt, die in vielen Firmen diskutiert werden:

Es taucht im Netz eine vermeintlich wissenschaftliche Studie auf, die die Umweltschädlichkeit oder Dysfunktionalität eines Produkts beweist. In einem Video ist ein Unfall dokumentiert, der Funktionsfehler bei einem Fahrzeug nahelegt. Ein Bild zeigt, wie ein bekannter Konzernchef einem geächteten politischen Akteur die Hand schüttelt.

Nichts davon muss wahr sein, aber alles kann Aktienkurse purzeln lassen und massive Geschäftseinbrüche zumindest zeitweise nach sich ziehen, vor allem dann, wenn die jeweilige Märchengeschichte glaubwürdig dargestellt wird. Daher haben die Unternehmen völlig Recht, wenn sie derartige Vorkommnisse in ihre Krisenprävention einbeziehen.

Europa ist Schlusslicht bei KI

Europa trägt die rote Laterne, wenn es um die Nutzung von Künstlicher Intelligenz geht. Diese Einschätzung vertritt das Gros der Führungskräfte aus dem Mittelstand in Deutschland, Österreich und der Schweiz laut Umfrage.

Den Satz „Diese Weltregionen werden von KI am meisten profitieren“ haben 62 Prozent der Mittelstandsmanager mit den USA ergänzt, 59 Prozent mit Asien und lediglich 32 Prozent mit Europa (Mehrfachnennungen waren erwünscht). Nicht einmal ein Drittel der Entscheider aus der Wirtschaft im deutschsprachigen Raum geht davon aus, dass wir in Europa die Vorteile der Künstlichen Intelligenz gut zu nutzen wissen.

Das ist bedenklich, denn beinahe alle internationalen Studien – einige davon werden an anderer Stelle in diesem Report zitiert – weisen volkswirtschaftlich relevante Produktivitäts- und Kostenvorteile durch den KI-Einsatz in der Wirtschaft auf. Wenn Europa bei KI das Schlusslicht bildet, birgt das also die Gefahr, dass wir bei der Produktivität zurückfallen und uns mit einem überdurchschnittlich hohen Kostenniveau aus dem internationalen Wettbewerb katapultieren.

KI-Implikationen über alle Branchen hinweg

Es ist klar: Die KI-Durchdringungsgeschwindigkeit wird sich je nach Branche und Firma unterscheiden, aber die Implikationen werden über alle Unternehmensgrößen und Branchen hinweg deutlich wahrnehmbar sein. Wenn Europa bei KI ganz hinten liegt, wird sich das also über praktisch alle Aspekte des Wirtschaftslebens hinziehen.

Wie gravierend dieser internationale Wettbewerbsnachteil Europas sein kann, wird deutlich, wenn man die verschenkten Produktivitätsvorteile im Licht der Umfrage betrachtet. Demnach sind mehr als die Hälfte der mittelständischen Topmanager aus Deutschland, Österreich und der Schweiz der festen Überzeugung, dass der Einsatz von KI bei der Produktentwicklung, der Fertigung, dem Supply Chain Management, der Logistik und dem Marketing von entscheidender Bedeutung sein wird. Immerhin noch 40 Prozent erwarten handfeste Vorteile durch KI im Lohn- und Gehaltswesen, bei der Kundenkommunikation und im Vertrieb.

Datenschutz als Damoklesschwert über KI

Als wichtigsten Grund für das schlechte Abschneiden Europas im internationalen KI-Vergleich hat das Gros der mittelständischen Führungskräfte das hohe Datenschutzniveau in der EU ausgemacht. Laut Umfrage sind 87 Prozent der Manager der Überzeugung, dass Datensammeln einen Schlüsselfaktor für KI darstellt.

Wer heute in Europa in einer Führungsverantwortung steht, ist gut beraten, bei jeder KI-Einführung strikt darauf zu achten, jedweden auch nur potenziellen Verstoß gegen die Datenschutz-regulierung zu vermeiden. In der Praxis führt das zu einer starken Zurückhaltung bei der KI-Nutzung in allen betrieblichen Funktionen, die in irgendeiner Form mit Kundendaten zu tun haben. Eine mögliche Datenschutzverletzung hängt wie ein Damoklesschwert über den hiesigen Entscheidern.

Startschuss für die Umsetzung verzögert

Laut Umfrage ist das Thema KI im Bewusstsein von rund drei Vierteln aller mittelständischen Topmanagern in Deutschland, Österreich und der Schweiz angekommen. Aber sehr viele Führungskräfte tun sich schwer, den Startschuss für eine Umsetzung zu geben.

Den Entscheidern ist klar, dass es bei KI eben nicht nur um IT-Fragen, die Automatisierung von Geschäftsprozessen oder Personalangelegenheiten geht, sondern auch um die strikte Einhaltung aller relevanten Standards wie der Datenschutzgrundverordnung oder dem neuen EU AI Act.

Wer an der Spitze eines Unternehmens steht, muss heute rechtlich abgesicherte KI-Entscheidungen entlang den Grundsätzen von Datenschutz und Ethik fällen, um nicht morgen plötzlich im Mittelpunkt eines KI-Skandals an die Öffentlichkeit gezerrt zu werden. Diese auf Absicherung bedachte Haltung ist zwar verständlich, aber sie führt eben auch dazu, dass die Experimentierphase mit KI, wie sie in den USA und Asien zu beobachten ist, hierzulande weitgehend ausfällt.

Manager: mehr KI in der Politik

Künstliche Intelligenz würde bessere Entscheidungen treffen als manch ein vom eigenen Ego getriebener Politiker – diese zugespitzte Aussage würden rund zwei Drittel der Führungskräfte im Mittelstand unterschreiben.

Mehr als die Hälfte der Mittelstandsmanager (53 Prozent) hält eine KI-Unterstützung politischer Entscheidungen für wünschenswert. Auf jeden Fall könnte Künstliche Intelligenz mehr Logik und Vernunft in die Politik bringen, ist ein Drittel der Führungskräfte fest überzeugt. Der Ruf aus der Wirtschaft nach mehr Rationalität in der Politik ist unüberhörbar.

Die befragten Manager haben in der Umfrage eine Reihe konkreter Einsatzszenarien für KI in der Politik und vor allem in der Umsetzung von Politik genannt. So ließe sich durch KI-Algorithmen der Klima- und Umweltschutz verbessern, sind 32 Prozent fest und weitere 46 Prozent immerhin teilweise überzeugt. Kommen wir zum Thema Sicherheit.

Mit KI-gestützten Systemen wäre die Sicherheit im öffentlichen Raum zu erhöhen, meinen 72 Prozent. So könnte die Aufklärungsrate bei Verbrechen durch den KI-Einsatz gesteigert werden, sind sich 45 Prozent ganz sicher; weitere 40 Prozent neigen zur Zustimmung.

Weniger Bürokratie, mehr Demokratie

Den größten Bedarf an Künstlicher Intelligenz sieht die Managementriege indes bei der Entrümpelung der Bürokratie.

85 Prozent der Führungskräfte sind der Überzeugung, dass KI-Software einen Beitrag zum Abbau der Bürokratie leisten kann. 58 Prozent stufen KI sogar als maßgebliche Technologie ein, um die ausufernde „Herrschaft des Büros“ (Bürokratie wörtlich genommen) einzudämmen. Bei der Demokratie – der „Herrschaft des Volkes“ – schreiben 43 Prozent der Manager aus dem Mittelstand der Künstlichen Intelligenz eine positive Wirkung zu.

Viele Entscheider aus der Wirtschaft verlagern offenbar einige ihrer dringlichsten Wünsche – mehr Demokratie und weniger Bürokratie – an die Politik als eine Hoffnung auf Künstliche Intelligenz. Wenn es die menschliche Intelligenz der Politiker nicht richten kann, dann hoffentlich die Künstliche Intelligenz der Computer. Ob diese Rechnung aufgeht, bleibt allerdings abzuwarten.

Dieser Interpretation – die Übertragung der Forderungen an die Politik auf Künstliche Intelligenz – kommen auch die Antworten auf die Frage nahe, ob KI „mehr Frieden in die Welt bringen" kann.

Ja, zumindest etwas, oder jedenfalls ein klein wenig, meinen drei Viertel der Entscheider aus der Wirtschaft. Hoffentlich behalten sie alle Recht!

KI-Glossar

Arijanita Sadrijaj und Max Daufratshofer

Dieses Glossar wurde an der Steinbeis Augsburg Business School entwickelt, an welcher der Herausgeber des vorliegenden Buches als Leiter mehrerer Zertifikatskurse tätig ist, in denen KI neben vielen anderen Themen eine wichtige Rolle spielt.

Agent-Based Modeling

Agent-Based Modeling (ABM) ist eine fortgeschrittene Technik in der Künstlichen Intelligenz, bei der individuelle Agenten in einer simulierten Umgebung Aktionen und Interaktionen ausführen, basierend auf spezifischen Regeln und Verhaltensweisen. Unternehmen können ABM nutzen, um komplexe Systeme zu verstehen und zu optimieren, z.B. in Stadtplanung für die Simulation von Verkehrsmustern oder in der Finanzwelt zur Analyse des Marktverhaltens. Für erfolgreiche ABM-Implementierungen müssen klare Ziele definiert, Agenten und Interaktionen verstanden, realistische Daten genutzt und leistungsfähige Software sowie Rechenkapazitäten bereitgestellt werden. Kontinuierliche Überprüfung und Anpassung der Simulationsergebnisse sind ebenfalls entscheidend, um nützliche Einblicke zu gewinnen.

AI Ethics and Responsibility

AI Ethics and Responsibility bezieht sich auf die moralischen Prinzipien und das verantwortungsbewusste Handeln im Zusammenhang mit der Entwicklung und Anwendung von KI-

Technologien. Dies umfasst Themen wie Fairness, Transparenz, Datenschutz und die Vermeidung von Voreingenommenheit. Für Unternehmen ist es wichtig, AI Ethics and Responsibility zu berücksichtigen, um das Vertrauen der Kunden und der Öffentlichkeit zu gewinnen und zu erhalten. Dies erfordert Richtlinien und Praktiken, die ethische Überlegungen in den Entwicklungsprozess von KI-Systemen integrieren. Unternehmen müssen sich auch mit den rechtlichen und sozialen Auswirkungen ihrer KI-Anwendungen auseinandersetzen und sicherstellen, dass ihre KI-Systeme fair und unvoreingenommen sind.

AI for Competitive Intelligence

AI for Competitive Intelligence bezieht sich auf die Nutzung von KI-Technologien, um Wettbewerbsvorteile zu erlangen, indem Marktrends analysiert, Wettbewerberaktivitäten überwacht und strategische Einblicke gewonnen werden. KI kann dabei helfen, große Mengen von Daten aus verschiedenen Quellen zu verarbeiten und wertvolle Informationen zu extrahieren. Für Unternehmen ist AI for Competitive Intelligence ein wichtiges Werkzeug, um auf dem Markt proaktiv zu agieren und strategische Entscheidungen zu treffen. Durch den Einsatz von KI können Unternehmen schneller auf Veränderungen im Markt reagieren und ihre Strategien entsprechend anpassen. Die Herausforderung besteht darin, relevante Datenquellen zu identifizieren, effektive Analysemodelle zu entwickeln und die gewonnenen Erkenntnisse effektiv in die Geschäftsstrategie zu integrieren.

AI for Corporate Governance

AI for Corporate Governance bezieht sich auf den Einsatz von KI-Technologien zur Unterstützung der Unternehmensführung und -kontrolle. Dies kann das Risikomanagement, die Einhaltung von Vorschriften (Compliance) und die strategische Planung umfassen. Für Unternehmensvorstände und Führungskräfte bietet AI for Corporate Governance die Möglichkeit, komplexe Daten effizient zu analysieren und fundierte Entscheidungen zu treffen. KI kann dabei helfen, Risiken zu identifizieren, regulatorische Anforderungen zu überwachen und strategische Chancen zu erkennen. Die Herausforderung besteht darin, KI-Systeme so zu entwickeln, dass sie die spezifischen Anforderungen der Corporate Governance erfüllen und gleichzeitig transparent und nachvollziehbar bleiben.

AI for Customer Experience Management

AI for Customer Experience Management nutzt Künstliche Intelligenz, um die Kundenerfahrung zu verbessern. Dies kann die Personalisierung von Kundenschnittstellen, die Optimierung von Kundeninteraktionen und die Bereitstellung von individuellen Empfehlungen umfassen. Der Einsatz von AI for Customer Experience Management ermöglicht es Unternehmen, ein tieferes Verständnis ihrer Kunden zu entwickeln und maßgeschneiderte Erlebnisse zu bieten. KI-Tools können dabei helfen, Kundenpräferenzen und -verhalten zu analysieren und die Kundenbindung zu erhöhen. Die Herausforderung besteht darin, die Balance zwischen personalisierten Angeboten und dem Schutz der Privatsphäre der Kunden zu wahren.

AI for Innovation Management

AI for Innovation Management nutzt Künstliche Intelligenz, um den Innovationsprozess in Unternehmen zu unterstützen. KI kann dabei helfen, neue Ideen zu generieren, Innovationspotenziale zu identifizieren und den Erfolg von Innovationsprojekten zu bewerten. Die Integration von AI for Innovation Management ermöglicht es Unternehmen, schneller auf Marktveränderungen zu reagieren und neue Produkte oder Dienstleistungen effizienter zu entwickeln. Die Herausforderung besteht darin, ein Umfeld zu schaffen, in dem KI-Tools kreativ genutzt werden können, und gleichzeitig sicherzustellen, dass die Innovationsprozesse strukturiert und zielgerichtet bleiben.

AI for Risk Management

AI for Risk Management nutzt KI-Technologien, um Risiken zu identifizieren, zu bewerten und zu managen. Dies beinhaltet die Analyse von Daten zur Früherkennung potenzieller Risiken, die Bewertung von Wahrscheinlichkeiten und Auswirkungen von Risikoereignissen und die Entwicklung von Strategien zur Risikominderung. Für Unternehmensleiter ermöglicht AI for Risk Management, Risiken systematischer und proaktiver zu managen. KI kann dazu beitragen, komplexe Datenmengen zu analysieren, um Muster zu erkennen, die auf potenzielle Risiken hinweisen könnten. Außerdem können KI-Modelle verwendet werden, um Szenarioanalysen durchzuführen und die Wirksamkeit verschiedener Risikomanagementstrategien zu bewerten. Die Herausforderung besteht darin, genaue und zuverlässige KI-Systeme zu entwickeln und sicherzustellen, dass diese Systeme kontinuierlich aktualisiert und an sich ändernde Bedingungen angepasst werden.

AI in Human Resources (HR)

AI in Human Resources (HR) bezieht sich auf die Anwendung von KI-Technologien im Personalwesen, um Prozesse wie die Rekrutierung, Mitarbeiterbewertung und Talentmanagement zu optimieren. KI kann in der Personalabteilung eingesetzt werden, um Lebensläufe zu analysieren, geeignete Kandidaten zu identifizieren und personalisierte Schulungsprogramme zu entwickeln. Für HR-Abteilungen bedeutet die Integration von KI, dass sie effizienter arbeiten und bessere Entscheidungen treffen können. KI-gestützte Tools können dabei helfen, den Rekrutierungsprozess zu beschleunigen, indem sie schnell die am besten geeigneten Kandidaten identifizieren. Außerdem können sie zur Mitarbeiterbindung beitragen, indem sie personalisierte Karriereentwicklungspläne erstellen. Die Herausforderung bei der Einführung von KI im HR-Bereich besteht darin, sicherzustellen, dass die Technologie die menschliche Entscheidungsfindung unterstützt und nicht ersetzt, und dass sie ethisch und unvoreingenommen eingesetzt wird.

AI in E-Commerce

AI in E-Commerce umfasst den Einsatz von KI-Technologien zur Personalisierung des Online-Shoppingerlebnisses, zur Optimierung von Lagerbeständen und zur Verbesserung der Kundeninteraktionen. KI kann dabei helfen, Käuferverhalten zu analysieren, personalisierte Produktempfehlungen zu geben und effiziente Logistikprozesse zu gestalten. Für E-Commerce-Unternehmen ist der Einsatz von AI in E-Commerce ein Schlüsselelement, um wettbewerbsfähig zu bleiben und das Kundenerlebnis zu verbessern. KI-gestützte Systeme können zur Steigerung der Verkaufszahlen beitragen, indem sie die Kundenbindung erhöhen und ein maßgeschneidertes Einkaufserlebnis bieten. Die Herausforderung liegt in der Analyse und Nutzung großer Datenmengen, um genaue und relevante Empfehlungen und Prognosen zu liefern.

AI in Marketing Analytics

AI in Marketing Analytics umfasst den Einsatz von KI-Technologien zur Analyse von Marketingdaten und zur Verbesserung der Marketingstrategien. Durch KI können Unternehmen Kundenverhalten besser verstehen, personalisierte Marketingkampagnen erstellen und den ROI von Marketingmaßnahmen erhöhen. Für Marketingverantwortliche ermöglicht AI in Marketing Analytics, datengesteuerte Entscheidungen zu treffen und Marketingkampagnen effektiver zu gestalten. KI-Tools können dabei helfen, große Mengen von Kundendaten zu analysieren, Trends zu identifizieren und Vorhersagen über zukünftiges Kundenverhalten zu treffen. Die Herausforderung besteht darin, KI-Systeme so zu kalibrieren, dass sie relevante und nützliche Einblicke liefern, ohne dabei die Privatsphäre der Kunden zu verletzen. Zudem ist es wichtig, die Balance zwischen automatisierten und menschlichen Elementen in der Kundeninteraktion zu wahren. AI in Project Management AI in Project Management bezieht sich auf den Einsatz von KI zur Optimierung des Projektmanagements, einschließlich Ressourcenplanung, Risikomanagement und Leistungsüberwachung. KI-Systeme können dabei helfen, Projektpläne zu erstellen, Fortschritte zu überwachen und potenzielle Probleme frühzeitig zu erkennen.

Für Projektmanager bietet AI in Project Management die Möglichkeit, Projekte effizienter und effektiver zu leiten. KI-Tools können dabei helfen, komplexe Daten zu analysieren und realistische Prognosen zu erstellen. Die Herausforderung besteht darin, KI-Systeme so zu integrieren, dass sie menschliche Fähigkeiten ergänzen und nicht ersetzen, und dass sie einen echten Mehrwert für das Projektmanagement bieten.

AI in Strategic Planning

AI in Strategic Planning bezieht sich auf den Einsatz von KI-Technologien, um strategische Planungsprozesse zu unterstützen. KI kann dabei helfen, Markttrends zu analysieren, zukünftige Szenarien zu modellieren und fundierte Entscheidungen über die Unternehmensstrategie zu treffen. Für Führungskräfte ist der Einsatz von AI in Strategic Planning ein Mittel, um tiefere Einblicke in den Markt und die Wettbewerbsdynamik zu erhalten. KI-gestützte Analysetools können dabei helfen, komplexe Daten zu interpretieren und zukunftsorientierte Strategien zu entwickeln. Die Herausforderung besteht darin, die richtigen Daten und KI-Modelle zu wählen und sicherzustellen, dass die strategischen Empfehlungen realistisch und umsetzbar sind.

AI Integration and Change Management

AI Integration and Change Management bezieht sich auf den Prozess der Integration von KI-Technologien in bestehende Geschäftssysteme und -prozesse sowie das Management der damit verbundenen Veränderungen in der Organisation. Dies asst die Bewertung der Auswirkungen von KI auf die Mitarbeiter, Prozesse und die Unternehmenskultur. Für Unternehmen ist die effektive AI Integration and Change Management entscheidend, um Widerstände zu minimieren und die Vorteile von KI voll auszuschöpfen. Dies erfordert eine klare Kommunikationsstrategie, die Einbindung der Mitarbeiter in den Veränderungsprozess und die Bereitstellung von Schulungen und Ressourcen, um den Übergang zu erleichtern. Die Herausforderung besteht darin, einen reibungslosen Übergang zu gewährleisten und gleichzeitig die Geschäftskontinuität aufrechtzuerhalten.

AI Literacy

AI Literacy bezieht sich auf das Verständnis und die Kenntnisse über Künstliche Intelligenz, die notwendig sind, um die Potenziale und Grenzen von KI-Technologien zu verstehen und sie effektiv im beruflichen Kontext einzusetzen. Diese Kompetenz umfasst grundlegendes Wissen über KI-Prinzipien, Algorithmen und deren Anwendungen. Für Führungskräfte und Mitarbeiter ist AI Literacy entscheidend, um die Auswirkungen von KI auf das Geschäft zu verstehen und fundierte Entscheidungen über die Implementierung von KI-Technologien zu treffen. Unternehmen sollten in Schulungs- und Weiterbildungsprogramme investieren, um die AI Literacy in ihrer Belegschaft zu erhöhen. Dies hilft dabei, Ängste und Missverständnisse bezüglich KI abzubauen und eine Kultur der Innovation und Anpassungsfähigkeit zu fördern.

AI-Driven Supply Chain Management

AI-Driven Supply Chain Management bezieht sich auf die Anwendung von KI, um die Lieferkette zu optimieren. Dies umfasst die Automatisierung von Logistikprozessen, die Vorhersage von Lieferengpässen und die Verbesserung der Nachfrageplanung. Für Unternehmen bedeutet der Einsatz von AI-Driven Supply Chain Management, dass sie in der Lage sind, ihre Lieferketten effizienter und reaktionsfähiger zu gestalten. KI-Systeme können dabei helfen, Muster in Lieferkettendaten zu erkennen, Prognosen zu erstellen und schnell auf Marktveränderungen zu reagieren. Die Herausforderung besteht darin, präzise Modelle zu entwickeln, die eine Vielzahl von Faktoren berücksichtigen, und sicherzustellen, dass die Systeme flexibel genug sind, um sich an dynamische Marktbedingungen anzupassen.

AI-Enabled Automation

AI-Enabled Automation bezieht sich auf die Automatisierung von Geschäftsprozessen und -funktionen durch den Einsatz von Künstlicher Intelligenz. Diese Form der Automatisierung kann repetitive Aufgaben übernehmen, Entscheidungsprozesse verbessern und die Effizienz steigern. Für Unternehmen bedeutet

AI-Enabled Automation, dass sie ihre Arbeitsabläufe rationalisieren, die Mitarbeiterproduktivität erhöhen und Fehler reduzieren können.

Dies erfordert jedoch eine sorgfältige Planung und Implementierung, um sicherzustellen, dass die automatisierten Systeme den Geschäftszielen entsprechen und die Mitarbeiter effektiv mit diesen Systemen arbeiten können.

Algorithmische Voreingenommenheit

Algorithmische Voreingenommenheit bezieht sich auf die systematischen und unfairen Verzerrungen in den Ergebnissen, die von KI-Systemen generiert werden. Diese Voreingenommenheit entsteht oft durch unausgewogene oder voreingenommene Trainingsdaten. Unternehmen müssen sich der algorithmischen Voreingenommenheit bewusst sein und aktiv Maßnahmen ergreifen, um sie zu minimieren. Dies kann durch Überprüfung und Diversifizierung der Trainingsdaten, Implementierung von Fairness-Maßnahmen und regelmäßige Audits der algorithmischen Voreingenommenheit in ihren KI-Systemen geschehen.

Algorithmus

Ein Algorithmus ist das Herzstück jeder KI-Lösung. Es handelt sich um eine Reihe von Anweisungen oder Regeln, die genau vorgeben, wie ein bestimmtes Problem gelöst oder eine Aufgabe durchgeführt werden soll. In einer Unternehmung ist die Implementierung eines effektiven Algorithmus entscheidend, um Daten effizient zu verarbeiten und intelligente Entscheidungen zu treffen. Um einen Algorithmus zu implementieren, sollten Unternehmen zunächst ihre spezifischen Bedürfnisse und Herausforderungen verstehen und dann einen maßgeschneiderten Algorithmus entwickeln oder anpassen, der diese Anforderungen erfüllt.

Anomaly Detection

Anomaly Detection ist ein wichtiger Schritt in der Datenanalyse, der unerwartete Muster in Daten aufspürt. Dies ist besonders in der Künstlichen Intelligenz von Bedeutung, da es auf Probleme, Fehler, Betrug oder seltene wichtige Ereignisse hinweisen kann. In der Geschäftswelt wird Anomaly Detection für Betrugserkennung, Netzwerksicherheit, Qualitätskontrolle und Betriebsüberwachung eingesetzt. Unternehmen müssen Daten verstehen, relevante Anomalien identifizieren und fortgeschrittene Algorithmen einsetzen, um diese effizient zu verarbeiten. Die Herausforderung liegt in der Unterscheidung von echten Anomalien von natürlichen Datenabweichungen, weshalb kontinuierliche Anpassung und Expertenwissen zur Verbesserung der Genauigkeit notwendig sind.

Assistenzsysteme

Ein Assistenzsystem ist eine technische Anwendung oder eine Software, die dazu entwickelt wurde, Menschen bei bestimmten Aufgaben zu unterstützen oder ihnen zusätzliche Informationen und Hilfestellung zu bieten. Diese Systeme können in verschiedenen Bereichen eingesetzt werden, einschließlich der Automobilindustrie, Medizin, Informationstechnologie und vielen anderen. Assistenzsysteme nutzen oft Sensoren und Algorithmen, um Daten zu sammeln, zu analysieren und relevante Handlungsempfehlungen oder Informationen bereitzustellen, um die Sicherheit, Effizienz oder Benutzererfahrung zu verbessern. Ein Beispiel ist ein Auto-Assistenzsystem, das den Fahrer beim Einparken durch Rückfahrkameras und Parkführung unterstützt.

Augmented Intelligence

Augmented Intelligence bezieht sich auf die Nutzung von KI-Technologie, um menschliche Fähigkeiten zu erweitern, nicht zu ersetzen. Sie unterstützt die Entscheidungsfindung durch Bereitstellung von erweiterten Einblicken und Analysen. In Unternehmen kann Augmented Intelligence in Bereichen wie Kundenbeziehungsmanagement, Finanzanalyse und Produktentwicklung eingesetzt werden, um bessere Ergebnisse und Effizienz zu erzielen. Unternehmen sollten KI in bestehende Arbeitsabläufe integrieren, die Benutzerfreundlichkeit sicherstellen, ethische Aspekte berücksichtigen und Schulungen anbieten, um die Akzeptanz und Nutzung durch Mitarbeiter zu fördern.

Automated Financial Advising

Automated Financial Advising bezieht sich auf den Einsatz von KI-Technologien, um automatisierte Finanzberatung und -managementdienste anzubieten. Diese Technologie wird oft in Form von Robo-Advisors verwendet, die Anlageempfehlungen geben und Portfolioverwaltung durchführen, basierend auf Algorithmen und maschinellem Lernen. Für Unternehmen, insbesondere im Finanzsektor, ermöglicht Automated Financial Advising, Kunden kostengünstige und personalisierte Anlageberatung anzubieten. Diese Technologie kann dazu beitragen, den Zugang zu Finanzberatungsdienstleistungen zu demokratisieren und die Effizienz zu steigern, indem sie menschliche Berater von routinemäßigen Aufgaben entlastet. Die Herausforderung bei der Implementierung automatisierter Finanzberatung liegt in der Entwicklung präziser und zuverlässiger Algorithmen, die sowohl die Finanzmärkte verstehen als auch die individuellen Bedürfnisse und Risikoprofile der Kunden berücksichtigen. Zudem ist es wichtig, das Vertrauen der Kunden in diese automatisierten Systeme aufzubauen und zu erhalten.

Autonome Systeme

Autonome Systeme sind fortschrittliche KI-Systeme, die ohne menschliche Eingriffe agieren können. Die Implementierung solcher Systeme in Unternehmen erfordert eine sorgfältige Planung, robuste Entwicklung und kontinuierliche Überwachung. Um autonome Systeme erfolgreich zu implementieren, müssen Unternehmen in fortschrittliche KI-Technologien und Fachwissen investieren und gleichzeitig ethische und sicherheitstechnische Überlegungen berücksichtigen.

Autonomes Fahren

Autonomes Fahren bezieht sich auf Fahrzeuge, die durch KI-Technologie gesteuert werden. Für die Implementierung des autonomen Fahrens müssen Unternehmen in fortschrittliche Sensortechnologien und Algorithmen investieren und gleichzeitig Sicherheits- und Ethikstandards beachten.

Backpropagation

Backpropagation ist eine Methode im maschinellen Lernen, insbesondere in neuronalen Netzen, um den Fehler in den Ausgaben zu reduzieren und die Genauigkeit der Vorhersagen zu verbessern. Unternehmen, die Backpropagation nutzen möchten, müssen in die Entwicklung und Schulung von neuronalen Netzen investieren und sicherstellen, dass sie über die notwendigen Daten und Ressourcen für effektives Training verfügen. Backpropagation ist entscheidend für die Feinabstimmung von KI-Modellen und deren Optimierung für spezifische Aufgaben.

Barrierefreiheit

Barrierefreiheit im Kontext der KI bedeutet, KI-Systeme so zu gestalten, dass sie für Menschen mit verschiedenen Fähigkeiten zugänglich und nutzbar sind. Um Barrierefreiheit in KI-Anwendungen zu gewährleisten, müssen Unternehmen Richtlinien für Zugänglichkeit berücksichtigen und sicherstellen, dass ihre Produkte und Dienstleistungen für ein breites Publikum nutzbar sind. Dies erfordert oft eine enge Zusammenarbeit mit Benutzergruppen, um die Barrierefreiheit ihrer KI-Lösungen zu testen und zu verbessern.

Basismodelle oder Foundation Models

Basismodelle sind umfangreiche KI-Modelle, die für eine Vielzahl von Anwendungen genutzt werden können. Unternehmen sollten bei der Verwendung von Basismodellen diese an ihre spezifischen Anforderungen anpassen und auf die Qualität und Vielfalt der Trainingsdaten achten.

Bayesian Networks

Bayesian Networks sind probabilistische Graphenmodelle, die verwendet werden, um Unsicherheiten in komplexen Domänen zu modellieren und zu analysieren. Sie bestehen aus Knoten, die Zufallsvariablen repräsentieren, und gerichteten Kanten, die bedingte Abhängigkeiten zwischen diesen Variablen darstellen.

Bayesian Networks sind in der Lage, mit unvollständigen Daten umzugehen und Vorhersagen oder Diagnosen zu treffen, indem sie Wahrscheinlichkeiten aktualisieren, wenn neue Informationen verfügbar werden. Für Unternehmen, die Bayesian Networks nutzen möchten, ist es wichtig, ein tiefes Verständnis der Beziehungen und Abhängigkeiten innerhalb ihrer Daten zu entwickeln. Sie müssen in der Lage sein, Expertenwissen über diese Beziehungen in die Modellierung einzubeziehen. Bayesian Networks eignen sich besonders für Anwendungen in Bereichen, in denen es um Entscheidungsfindung unter Unsicherheit geht, wie zum Beispiel in der Finanzmodellierung, im Risikomanagement und in der medizinischen Diagnostik. Die Herausforderung besteht darin, präzise und realistische Modelle zu entwickeln, die die Komplexität der realen Welt adäquat widerspiegeln.

Big Data

Big Data bezieht sich auf extrem große Datenmengen, die aus verschiedenen Quellen stammen und in Echtzeit analysiert werden können. Unternehmen, die Big Data nutzen möchten, sollten in leistungsstarke Datenverarbeitungs- und Analysetools investieren. Die Herausforderung besteht darin, aus Big Data sinnvolle Einblicke zu gewinnen, die zur Verbesserung von Geschäftsentscheidungen beitragen.

Black Box

Der Begriff Black Box in der KI beschreibt Systeme, deren interne Funktionsweise für den Benutzer nicht transparent ist.

Für Unternehmen ist es wichtig, die Black Box-Natur ihrer KI-Systeme zu verstehen und zu minimieren, um Vertrauen und Akzeptanz bei den Stakeholdern zu fördern. Anstrengungen zur Erhöhung der Transparenz und Nachvollziehbarkeit von Black Box-Entscheidungen sind entscheidend.

Bot

Ein Bot ist ein automatisiertes Programm, das bestimmte Aufgaben selbstständig ausführen kann. Unternehmen nutzen Bots häufig für Kundenservice, Automatisierung von Routineaufgaben oder Datenanalyse. Bei der Implementierung von Bots sollten Firmen darauf achten, dass diese effizient, sicher und benutzerfreundlich sind.

Business Intelligence (BI)

Business Intelligence (BI) bezieht sich auf Technologien und Strategien, die von Unternehmen verwendet werden, um Daten zu analysieren und umsetzbare Informationen zur Verbesserung der Geschäftsentscheidungen und Leistung zu gewinnen. Moderne BI-Lösungen integrieren häufig KI-Elemente, um Daten effizienter zu verarbeiten, Muster zu erkennen und Vorhersagen zu treffen. Für Unternehmensführer ist BI ein entscheidendes Werkzeug, um Einblicke in den Betrieb, den Markt und die Kunden zu erhalten. KI-gestützte BI kann dabei helfen, große Datenmengen aus verschiedenen Quellen zu aggregieren, zu analysieren und in verständliche Berichte, Dashboards und Visualisierungen zu übersetzen. Dies ermöglicht es Führungskräften, informierte Entscheidungen zu treffen, Chancen zu identifizieren und Risiken zu minimieren. Die Herausforderung besteht darin, BI-Systeme so zu gestalten, dass sie relevante, genaue und zeitnahe Informationen liefern und gleichzeitig benutzerfreundlich und zugänglich für Entscheidungsträger auf allen Ebenen sind.

Capsule Networks

Capsule Networks (CapsNets) sind eine Art von tiefen neuronalen Netzen, die eine alternative Architektur zu den herkömmlichen Convolutional Neural Networks (CNNs) darstellen. Im Gegensatz zu CNNs, die sich hauptsächlich auf die Erkennung von Mustern in Bildern konzentrieren, sind Capsule Networks darauf ausgelegt, die räumlichen Hierarchien zwischen Objekten in einem Bild zu verstehen. Dies ermöglicht es ihnen, Bilder mit einer höheren Genauigkeit und Robustheit gegenüber Veränderungen wie Drehung oder Verformung zu analysieren. Für Unternehmen, die an Bildverarbeitung und -analyse interessiert sind, bieten Capsule Networks eine fortschrittliche Möglichkeit, komplexe visuelle Daten zu verarbeiten. Sie sind besonders nützlich in Anwendungen, bei denen die räumliche Beziehung zwischen Objekten wichtig ist, wie in der medizinischen Bildanalyse, im autonomen Fahren oder in der Robotik. Die Implementierung von Capsule Networks erfordert jedoch umfassende Kenntnisse in Deep Learning und spezialisierte Hardware, da sie rechenintensiver sind als traditionelle CNNs. Unternehmen müssen bereit sein, in die notwendige Infrastruktur und Expertise zu investieren, um von den Vorteilen der Capsule Networks profitieren zu können.

Chatbots and Virtual Assistants

Chatbots and Virtual Assistants sind KI-basierte Systeme, die menschliche Konversationen simulieren, um Kundenanfragen zu beantworten, Informationen bereitzustellen oder bestimmte Aufgaben auszuführen. Sie sind ein wichtiger Bestandteil des digitalen Kundenservices. Für Unternehmen sind Chatbots and Virtual Assistants ein Mittel, um die Effizienz im Kundenservice zu steigern, die Kundenzufriedenheit zu verbessern und Ressourcen zu schonen. Die Implementierung solcher Systeme erfordert jedoch fortgeschrittene NLP-Techniken und eine sorgfältige Gestaltung der Benutzerinteraktion, um eine effektive und natürliche Kommunikation zu gewährleisten.

Die Herausforderung besteht darin, die Chatbots kontinuierlich zu verbessern und an die sich ändernden Bedürfnisse der Kunden anzupassen.

Clustering

Clustering ist eine Technik des maschinellen Lernens, die zum Gruppieren ähnlicher Objekte oder Datenpunkte verwendet wird. Für Unternehmen ist es wichtig, Clustering-Algorithmen einzusetzen, um Muster und Beziehungen in ihren Daten zu entdecken, was für zielgerichtete Marketingstrategien und Kundenanalyse nützlich sein kann.

Cognitive Computing

Cognitive Computing bezieht sich auf Systeme, die menschenähnliche Denkprozesse in der Interaktion mit Daten und ihrer Umwelt nachahmen. Diese Technologie kombiniert KI-Methoden mit natürlicher Sprachverarbeitung, maschinellem Lernen und Datenanalyse, um menschenähnliche Reaktionen in Computersystemen zu ermöglichen. Für Unternehmen bedeutet dies, dass Cognitive Computing genutzt werden kann, um Kundenservice, Entscheidungsfindung und Prozessautomatisierung zu verbessern. Um Cognitive Computing zu implementieren, sollten Unternehmen in leistungsstarke Datenanalyseplattformen und KI-Expertise investieren. Die Herausforderung besteht darin, Systeme zu entwickeln, die in der Lage sind, komplexe Probleme auf eine Weise zu verstehen und zu lösen, die menschliches Denken und Urteilsvermögen nachahmt.

Computer Vision

Computer Vision ist ein Bereich der Künstlichen Intelligenz, der sich mit der Fähigkeit von Computern befasst, visuelle Informationen aus Bildern oder Videos zu verstehen und zu interpretieren. Dies beinhaltet Aufgaben wie die Erkennung von Objekten, Gesichtern, Text oder Mustern, sowie die Analyse von Bewegungen. Computer Vision ermöglicht es Maschinen, die visuelle Welt zu erfassen und kann in Anwendungen wie autonomem Fahren, medizinischer Bildgebung, Überwachungssystemen und Augmente Reality eingesetzt werden. Es nutzt Techniken des maschinellen Lernens und neuronaler Netzwerke, um diese Aufgaben zu bewältigen und die Bedeutung aus visuellen Daten abzuleiten.

Conversational AI

Conversational AI bezeichnet KI-basierte Text- und Sprachdialogsysteme, häufig auch Chatbots oder Voicebots genannt. Anhand der Sprach- oder Texteingaben von Benutzern analysiert das System den Kontext, erkennt die Absicht der Anfrage und generiert entsprechende Antworten. Ziel ist es, menschenähnliche Dialoge zu ermöglichen.

Convolutional Neural Networks (CNNs)

Convolutional Neural Networks (CNNs) sind eine Art von tiefen neuronalen Netzen, die speziell für die Verarbeitung von Daten mit einer bekannten, gitterähnlichen Struktur konzipiert sind, wie z.B. Bilder. CNNs sind besonders effektiv in der Erkennung von visuellen Mustern, von einfachen Kanten bis hin zu komplexen Objekten.

Unternehmen, die CNNs einsetzen, können dies in Bereichen wie Bild- und Videoanalyse, Gesichtserkennung und automatisierte Fahrzeugführung tun. Die Implementierung von CNNs erfordert Fachwissen in Deep Learning und Zugang zu großen Mengen an Trainingsdaten. Zudem sollten Unternehmen die Rechenleistung berücksichtigen, da CNNs rechenintensiv sein können.

Customer Relationship Management (CRM) with AI

Customer Relationship Management (CRM) with AI beinhaltet die Verwendung von KI-Technologien, um die Interaktionen und Beziehungen eines Unternehmens mit seinen Kunden zu verbessern. KI kann in CRM-Systemen eingesetzt werden, um Kundenverhalten zu analysieren, personalisierte Kommunikation zu ermöglichen und den Vertrieb und Marketingprozess zu optimieren. Für Unternehmensführer bedeutet die Integration von KI in CRM-Systeme, dass sie ein tieferes Verständnis ihrer Kunden gewinnen und die Kundenzufriedenheit und -bindung verbessern können. KI-gestützte CRM-Systeme können automatisierte Kundenunterstützung bieten, Verkaufschancen identifizieren und personalisierte Marketingkampagnen erstellen. Die Herausforderung liegt in der korrekten Analyse und Nutzung der Kundeninformationen, um wirklich relevante und personalisierte Erfahrungen zu schaffen, und in der Balance zwischen Automatisierung und menschlicher Berührung in der Kundeninteraktion.

Data Bias

Data Bias bezieht sich auf Verzerrungen in den Daten, die zu ungenauen oder voreingenommenen Ergebnissen führen können. Unternehmen müssen Data Bias aktiv erkennen und adressieren, um faire und genaue KI-Modelle zu entwickeln. Dies erfordert eine sorgfältige Prüfung und Diversifizierung der verwendeten Daten.

Data Mining

Data Mining, auch als Wissensentdeckung in Daten (Knowledge Discovery in Data, KDD) bezeichnet, ist ein Prozess im Bereich der Datenanalyse, bei dem große Mengen von Daten systematisch untersucht werden, um Muster, Trends, Zusammenhänge oder wertvolle Informationen zu identifizieren. Dabei werden verschiedene statistische, mathematische und maschinelle Lernmethoden angewendet, um versteckte Erkenntnisse aus den Daten zu gewinnen. Data Mining wird in verschiedenen Anwendungsbereichen eingesetzt, wie Marketing, Finanzen, Gesundheitswesen und vielen anderen, um Entscheidungsunterstützungssysteme zu entwickeln und geschäftliche Erkenntnisse zu gewinnen. Es hilft dabei, relevante Informationen aus großen und komplexen Datensätzen zu extrahieren und so bessere Entscheidungen zu treffen und Muster oder Trends zu identifizieren, die auf herkömmliche Weise möglicherweise übersehen werden würden.

Data Wrangling

Data Wrangling, auch bekannt als Datenbereinigung, ist der Prozess des Umwandelns und Anreicherens von Rohdaten in ein Format, das für analytische Zwecke besser geeignet ist. In der KI ist Data Wrangling ein wichtiger Schritt, um sicherzustellen, dass die verwendeten Daten sauber, konsistent und relevant sind.

Für Unternehmen bedeutet dies, dass sie in Werkzeuge und Techniken investieren sollten, die es ermöglichen, große Mengen an unstrukturierten Daten effizient zu verarbeiten. Dieser

Prozess umfasst das Identifizieren und Korrigieren von Fehlern, das Füllen von Datenlücken und das Umwandeln von Daten in nutzbare Formate.

Effektives Data Wrangling verbessert die Qualität der Datenanalyse und die Leistung von KI-Modellen.

Data-Driven Decision Making

Data-Driven Decision Making ist der Prozess, bei dem Entscheidungen auf der Grundlage von Datenanalyse und Interpretation statt auf Intuition oder Erfahrung getroffen werden. KI-Technologien spielen eine Schlüsselrolle bei der Bereitstellung genauer und zeitnaher Daten, die für solche Entscheidungen erforderlich sind. In der heutigen datengetriebenen Geschäftswelt ist Data-Driven Decision Making für Unternehmen unerlässlich, um wettbewerbsfähig zu bleiben. Es ermöglicht eine objektivere Bewertung von Situationen, die Identifizierung von Mustern und Trends und eine effektivere Ressourcenallokation. Die Herausforderung besteht darin, eine Kultur zu schaffen, in der datengetriebene Entscheidungen gefördert und unterstützt werden, und sicherzustellen, dass die verwendeten Daten von hoher Qualität sind.

Datenschutz

Datenschutz ist ein kritischer Aspekt in der KI, der sich auf den Schutz personenbezogener Daten bezieht.

Unternehmen müssen beim Einsatz von KI-Technologien Datenschutz-Standards einhalten und sicherstellen, dass die Privatsphäre der Nutzer respektiert wird.

Decision Support Systems (DSS)

Decision Support Systems (DSS) sind computergestützte Systeme, die Unternehmensführer bei der Entscheidungsfindung unterstützen. Sie kombinieren Daten, Analytik und KI-Modelle, um Nutzern zu helfen, komplexe Probleme zu verstehen und durch Datenanalyse fundierte Entscheidungen zu treffen. Der Einsatz von DSS in Unternehmen kann die Entscheidungsfindung in verschiedenen Bereichen wie Marketing, Finanzen und Betrieb verbessern. Solche Systeme bieten nicht nur Einblicke in aktuelle Geschäftsdaten, sondern können auch Prognosemodelle und Szenarioanalysen umfassen. Eine Herausforderung bei der Implementierung von DSS ist die Integration von Daten aus verschiedenen Quellen und die Sicherstellung, dass die Systeme aktuell, genau und relevant für die spezifischen Entscheidungsbedürfnisse des Unternehmens sind. Darüber hinaus ist es wichtig, dass DSS intuitiv und benutzerfreundlich gestaltet sind, damit Führungskräfte und Manager sie effektiv nutzen können.

Deep Learning

Deep Learning ist eine fortgeschrittene Form des maschinellen Lernens, die auf tiefen neuronalen Netzen basiert. Für Unternehmen bedeutet die Implementierung von Deep Learning, in umfangreiche Datensätze und leistungsstarke Rechenressourcen zu investieren, um komplexe Aufgaben wie Bild- und Spracherkennung zu bewältigen.

Diffusionsmodell

Ein Diffusionsmodell ist eine Methode im Bereich der KI, die darauf abzielt, Daten zu generieren oder zu transformieren. Die

Implementierung eines Diffusionsmodells erfordert spezielle Kenntnisse in der Datenmodellierung und -analyse.

Digital Twins

Digital Twins sind virtuelle Repräsentationen realer Objekte, Systeme oder Prozesse, die durch KI und Datenanalyse kontinuierlich aktualisiert werden. Sie ermöglichen es Unternehmen, Simulationen durchzuführen, Prozesse zu analysieren und Entscheidungen zu treffen, ohne physische Eingriffe vorzunehmen. Für die Unternehmensführung bieten Digital Twins wertvolle Einblicke in den Zustand und die Leistung von Anlagen, Produkten und Systemen. Sie können zur Optimierung von Produktionsprozessen, zur Verbesserung der Produktqualität und zur Beschleunigung der Produktentwicklung eingesetzt werden. Die Herausforderung liegt in der präzisen Modellierung und ständigen Aktualisierung der Digital Twins, um sicherzustellen, dass sie eine genaue Reflexion der Realität bieten.

Dimensionality Reduction

Dimensionality Reduction bezieht sich auf den Prozess der Reduzierung der Anzahl der Zufallsvariablen unter Beibehaltung der meisten wichtigen Informationen. Diese Technik ist besonders wichtig in der KI, da sie dabei hilft, die Komplexität von Daten zu reduzieren und Overfitting zu vermeiden. Unternehmen, die Dimensionality Reduction einsetzen, können effizienter Muster und Beziehungen in ihren Daten erkennen. Zu den gängigen Techniken gehören Principal Component Analysis (PCA) und t-distributed Stochastic Neighbor Embedding (t-SNE). Der Schlüssel zur erfolgreichen Anwendung dieser Technik liegt in der Fähigkeit, die richtige Balance zwischen Datenreduktion und Beibehaltung der relevanten Informationen zu finden.

Diskriminative KI

Diskriminative KI-Systeme sind darauf ausgerichtet, Unterschiede oder Kategorien in Daten zu erkennen. Unternehmen sollten diskriminative KI-Modelle sorgfältig trainieren, um präzise und unvoreingenommene Ergebnisse zu erzielen.

Dropout

Dropout ist eine Technik im maschinellen Lernen, insbesondere im Training von neuronalen Netzwerken. Sie beinhaltet das zufällige Deaktivieren (Aussetzen) von Neuronen oder Einheiten während des Trainingsprozesses. Dies dient dazu, Overfitting zu reduzieren und die Generalisierungsfähigkeit des Modells zu verbessern. Durch das sporadische Ausschalten von Neuronen werden verschiedene Teilmodelle erstellt, was dazu führt, dass das Netzwerk robuster und weniger anfällig für das Auswendiglernen von Trainingsdaten wird. Dropout erhöht die Effizienz und die Leistung von neuronalen Netzwerken, insbesondere in tieferen Architekturen.

Dynamic Pricing

Dynamic Pricing ist eine Preisstrategie, bei der Preise in Echtzeit basierend auf Angebot, Nachfrage und anderen Faktoren angepasst werden. Dynamic Pricing kann durch KI-Modelle unterstützt werden, die Marktbedingungen analysieren und optimale Preispunkte vorschlagen.

Echtzeit

Echtzeit-Verarbeitung in der KI bedeutet, dass Daten sofort analysiert und Aktionen in kürzester Zeit ausgeführt werden. Für Echtzeit-Anwendungen müssen Unternehmen in leistungsfähige Hardware und optimierte Algorithmen investieren.

Edge Computing

Edge Computing bezieht sich auf die Datenverarbeitung, die am Rand des Netzwerks, nahe der Datenquelle (z.B. IoT-Geräte), stattfindet. Dieser Ansatz kann die Latenz verringern und die Effizienz von Datenverarbeitungssystemen verbessern, da nicht alle Daten an ein zentrales Rechenzentrum gesendet werden müssen. Für Unternehmen, die Edge Computing implementieren, bedeutet dies, dass sie schneller auf Daten reagieren und Echtzeitanalysen durchführen können, was besonders in Bereichen wie autonomes Fahren, intelligente Städte und Industrie 4.0 wichtig ist. Die Herausforderung besteht darin, die richtige Infrastruktur und Sicherheitsmaßnahmen zu implementieren, um die Daten am Rand des Netzwerks effektiv zu verarbeiten und zu schützen.

Ensemble Learning

Ensemble Learning ist eine Methode im maschinellen Lernen, bei der mehrere Modelle (wie Entscheidungsbäume, Regressionsmodelle oder neuronale Netze) kombiniert werden, um genauere Vorhersagen als jedes einzelne Modell zu erzielen. Unternehmen können Ensemble Learning einsetzen, um die Leistung ihrer Vorhersagemodelle zu verbessern, insbesondere in komplexen Aufgaben wie Kreditrisikobewertung oder Kundenverhaltensprognose. Die Herausforderung besteht darin, die richtigen Modelle auszuwählen und sie effektiv zu kombinieren.

Durch Techniken wie Bagging, Boosting und Stacking können Unternehmen die Stärken einzelner Modelle nutzen und gleichzeitig ihre Schwächen ausgleichen.

Enterprise Resource Planning (ERP) with AI

Enterprise Resource Planning (ERP) Systems with AI sind integrierte Management-Systeme, die durch KI-Technologien erweitert werden, um verschiedene Geschäftsprozesse zu optimieren. Diese Systeme können Aufgaben wie Lagerverwaltung, Finanzplanung, Human Resources und Kundenbeziehungen automatisieren und intelligentere Analysen und Vorhersagen liefern. Für Unternehmen stellt die Integration von KI in ERP-Systeme eine bedeutende Verbesserung in der Effizienz und Genauigkeit der Geschäftsprozesse dar. KI kann dabei helfen, Muster in großen Datenmengen zu erkennen, Prozesse zu automatisieren und personalisierte Erfahrungen für Kunden zu schaffen. Die Herausforderung besteht darin, KI nahtlos in bestehende ERP-Systeme zu integrieren, Datenqualität und -sicherheit zu gewährleisten und sicherzustellen, dass die KI-Systeme die spezifischen Bedürfnisse und Ziele des Unternehmens unterstützen. Außerdem ist es wichtig, dass die Mitarbeiter in der Nutzung dieser erweiterten Systeme geschult werden.

Erklärbare KI

Erklärbare KI bezieht sich auf Systeme, deren Entscheidungen und Prozesse für Menschen nachvollziehbar und verständlich sind. Die Förderung von erklärbaren KI-Systemen in Unternehmen verbessert die Transparenz, das Vertrauen und die Akzeptanz bei den Nutzern.

Feature Engineering

Feature Engineering ist der Prozess der Auswahl, Modifizierung und Erstellung von Merkmalen (Features), die in maschinellen Lernmodellen verwendet werden. Es ist eine wesentliche Phase in der Entwicklung von KI-Systemen, da die Qualität und Relevanz der Features die Leistung des Modells maßgeblich beeinflussen.

Unternehmen, die Feature Engineering betreiben, müssen Daten gründlich verstehen und kreativ sein, um nützliche Merkmale zu identifizieren und zu konstruieren. Dies kann beispielsweise die Umwandlung von Rohdaten in kategorische Variablen, die Normalisierung von Daten oder die Erstellung neuer Variablen durch Kombination bestehender Merkmale umfassen. Effektives Feature Engineering kann die Genauigkeit von Vorhersagemodellen erheblich steigern.

Federated Learning

Federated Learning ist ein Ansatz im maschinellen Lernen, bei dem ein Modell über mehrere dezentrale Geräte oder Server trainiert wird, ohne dass sensible Daten zentral gesammelt werden müssen. Dieser Ansatz ist besonders nützlich für Unternehmen, die Datenschutz und Datensicherheit gewährleisten wollen, während sie gleichzeitig von gemeinsamen Lernprozessen profitieren. Beispielsweise können Mobiltelefonhersteller Federated Learning nutzen, um ihre Spracherkennungssysteme zu verbessern, ohne die Sprachdaten der Benutzer zentral zu speichern. Die Herausforderung besteht darin, die Kommunikation und Koordination zwischen den beteiligten Geräten effizient zu gestalten und gleichzeitig die Datenintegrität und -sicherheit zu gewährleisten.

Generative Adversarial Networks (GANs)

Generative Adversarial Networks (GANs) sind eine Klasse von maschinellen Lernalgorithmen in der KI, die aus zwei Netzwerken bestehen: einem generativen Netzwerk, das Daten erzeugt, und einem diskriminierenden Netzwerk, das die Echtheit der Daten bewertet. GANs sind bekannt für ihre Fähigkeit, sehr realistische Bilder, Videos und andere Medien zu erzeugen. Für Unternehmen bieten GANs bedeutende Möglichkeiten in Bereichen wie Bild- und Videobearbeitung, neue Inhalteerstellung und sogar in der Entwicklung neuer Produkte. Der Einsatz von GANs erfordert jedoch ein tiefes technisches Verständnis und umfangreiche Datenmengen. Einer der Hauptvorteile von GANs ist ihre Fähigkeit, hochqualitative, realistische Daten zu generieren, die in Trainingsdatensätzen für andere maschinelle Lernprojekte verwendet werden können. Die Herausforderung bei der Arbeit mit GANs liegt in der Feinabstimmung des Gleichgewichts zwischen dem generativen und dem diskriminierenden Netzwerk, um optimale Ergebnisse zu erzielen und das Auftreten von Artefakten in den erzeugten Daten zu minimieren.

Generative KI

Generative KI-Systeme können neue Inhalte erzeugen, die denen echter Menschen ähneln. Bei der Entwicklung von generativer KI müssen Unternehmen sicherstellen, dass die erzeugten Inhalte ethischen und rechtlichen Standards entsprechen.

Genetic Algorithms

Genetische Algorithmen sind eine Klasse von heuristischen Suchalgorithmen, die auf den Prinzipien der natürlichen Evolution und genetischen Vererbung basieren. Sie eignen sich besonders für Optimierungsprobleme, bei denen traditionelle Suchmethoden ineffektiv sind. Unternehmen können genetische Algorithmen verwenden, um eine Vielzahl von Problemen zu lösen, von der Routenplanung bis zur Produktkonfiguration. Der Schlüssel zum Erfolg mit genetischen Algorithmen liegt in der Definition einer geeigneten Fitnessfunktion, die bewertet, wie gut eine Lösung das Problem löst, und in der effektiven Implementierung von genetischen Operatoren wie Selektion, Crossover und Mutation.

Graph Neural Networks (GNNs)

Graph Neural Networks (GNNs) sind eine Art neuronales Netzwerk, das darauf spezialisiert ist, Daten zu verarbeiten, die in Form von Graphen vorliegen. Graphen bestehen aus Knoten (die Entitäten darstellen) und Kanten (die Beziehungen darstellen), was GNNs ideal für die Analyse von sozialen Netzwerken, Molekülstrukturen oder anderen komplexen Beziehungssystemen macht. Für Unternehmen sind GNNs besonders nützlich in Anwendungen, die ein tiefes Verständnis der Beziehungen und Interaktionen zwischen verschiedenen Entitäten erfordern. Beispiele sind die Empfehlungssysteme in sozialen Medien, die Analyse von Verbindungsnetzwerken in der Telekommunikation und die Vorhersage von Protein-Interaktionen in der Biotechnologie. Die Implementierung von GNNs erfordert ein tiefes Verständnis von Graphentheorie und maschinellem Lernen. Eine der Herausforderungen bei der Arbeit mit GNNs ist die Verarbeitung von sehr großen Graphen, was sowohl rechenintensiv als auch technisch anspruchsvoll sein kann.

Große Sprachmodelle

Große Sprachmodelle wie GPT-4 sind fortschrittliche KI-Systeme zur Textgenerierung und -analyse. Unternehmen, die große Sprachmodelle nutzen, sollten deren Fähigkeiten für verbesserte Kommunikation und automatisierte Inhaltsproduktion einsetzen

Heuristic Analysis

Heuristic Analysis bezieht sich auf den Einsatz von erfahrungsbasierten Techniken zur Lösung von Problemen, Entdeckung und Lernen, insbesondere wenn ein vollständiger Suchprozess nicht praktikabel ist. In der KI wird heuristische Analyse oft in Situationen verwendet, in denen schnelle Entscheidungen auf der Basis unvollständiger Informationen getroffen werden müssen. Unternehmen können Heuristic Analysis in Bereichen wie Diagnose, Planung und sogar im Kundenmanagement einsetzen. Der Schlüssel liegt darin, effektive Heuristiken zu entwickeln, die die Problemstellung gut abbilden und zu praktikablen, wenn auch nicht perfekten, Lösungen führen.

Hybride KI

Hybride KI verbindet verschiedene KI-Techniken, um komplexe Aufgaben zu lösen. Unternehmen sollten hybride KI-Systeme so gestalten, dass sie die Vorteile verschiedener Ansätze nutzen und gleichzeitig ihre Grenzen berücksichtigen.

Hyperparameter Tuning

Hyperparameter Tuning ist der Prozess der Optimierung von Parametern in einem maschinellen Lernmodell, die nicht während des Trainings gelernt werden, wie Lernraten oder Netzwerkstrukturen. Für Unternehmen, die KI-Modelle entwickeln, ist dieses Tuning maßgeblich für die bestmögliche Modellleistung. Dabei werden verschiedene Kombinationen von Hyperparametern ausprobiert, um die optimale Einstellung zu finden.

Die Suche kann komplex und zeitintensiv sein, erfordert jedoch Techniken wie Grid Search, Random Search und Bayesian Optimization, um effizient durchgeführt zu werden, und es ist wichtig, Overfitting zu vermeiden.

Imbalanced Data

Imbalanced Data bezieht sich auf ungleichmäßig verteilte Klassen in maschinellen Lernprojekten, wobei einige Klassen häufiger vorkommen als andere. Dies kann dazu führen, dass Modelle die häufigeren Klassen bevorzugen und die seltenen vernachlässigen. Unternehmen können dieses Problem angehen, indem sie Techniken wie Oversampling (künstliche Vermehrung seltener Klassen), Undersampling (Entfernen von Beispielen der häufigeren Klassen), Kostensensitivität (stärkere Bestrafung von Fehlklassifikationen der seltenen Klasse) und fortgeschrittene Methoden wie SMOTE (Synthetic Minority Over-sampling Technique) einsetzen, um ausgewogenere Modelle zu entwickeln. Dies verbessert die Modellleistung.

Internet of Things (IoT)

Das Internet der Dinge (IoT) bezieht sich auf vernetzte Geräte, die Daten austauschen und verarbeiten können. Unternehmen, die IoT-Technologien nutzen, sollten in Sicherheit und Datenschutz investieren und gleichzeitig die Effizienz und Funktionalität ihrer vernetzten Geräte verbessern.

Knowledge Graph

Ein Knowledge Graph ist eine strukturierte Darstellung von Wissen, die Entitäten und deren Beziehungen als Knoten und Kanten darstellt. Unternehmen nutzen Knowledge Graphs, um komplexe Informationen zu organisieren und zu verstehen.

Diese Graphen werden in Bereichen wie Suche, Empfehlungssystemen, Wissensmanagement und künstlicher Intelligenz eingesetzt, um Muster und Beziehungen in Daten zu entdecken. Dies führt zu besseren Entscheidungen, effizienteren Prozessen und einer verbesserten Benutzererfahrung. Die Erstellung eines Knowledge Graphs erfordert sorgfältige Planung, Datenintegration und den Einsatz fortgeschrittener Datenanalyse-Algorithmen.

Kognitive Maschinen

Kognitive Maschinen sind Systeme, die menschenähnliche Denkprozesse nachahmen können. Bei der Implementierung kognitiver Maschinen müssen Unternehmen sicherstellen, dass diese Systeme effektiv, zuverlässig und ethisch verantwortlich sind.

Latent Variable

Eine Latent Variable ist eine nicht direkt beobachtbare Variable, die durch andere, beobachtbare Variablen in einem statistischen Modell geschätzt oder abgeleitet wird. In der Künstlichen Intelligenz werden latente Variablen oft in komplexen Modellen verwendet, um verborgene Strukturen in Daten zu identifizieren und zu verstehen.

Solche Variablen sind besonders nützlich in Bereichen wie der Faktoranalyse, Strukturgleichungsmodellierung und verschiedenen Formen des unüberwachten Lernens. Für Unternehmen, die latente Variablen in ihren Datenmodellen verwenden, eröffnet sich die Möglichkeit, tiefergehende Einblicke in ihre Daten zu erhalten und verborgene Muster zu erkennen, die nicht direkt aus den Rohdaten ersichtlich sind. Dies kann besonders wertvoll sein in Bereichen wie Kundenverhaltensanalyse,

Marktsegmentierung und Risikomanagement. Der Einsatz latenter Variablen erfordert jedoch ein fundiertes Verständnis von statistischen Modellierungstechniken und die Fähigkeit, die Beziehungen zwischen beobachtbaren und latenten Variablen zu interpretieren. Darüber hinaus ist es wichtig, die Modelle regelmäßig zu überprüfen und anzupassen, um sicherzustellen, dass sie weiterhin relevante und genaue Informationen liefern.

Loss-Funktion

Die Loss-Funktion ist eine mathematische Funktion im maschinellen Lernen, die die Fehler zwischen den vom Modell vorhergesagten Werten und den tatsächlichen Werten misst. Ziel ist es, diese Fehler zu minimieren, indem man das Modell trainiert und seine Parameter anpasst. Die Wahl der richtigen Loss-Funktion hängt von der spezifischen Aufgabe ab, die das Modell lösen soll.

Model Interpretability

Model Interpretability bezieht sich auf das Maß, in dem ein menschlicher Benutzer die Art und Weise verstehen und nachvollziehen kann, wie ein KI-Modell Entscheidungen trifft. In der KI ist die Interpretierbarkeit von Modellen entscheidend, um Vertrauen und Transparenz in automatisierte Systeme zu schaffen. Für Unternehmen ist die Förderung der Model Interpretability wichtig, um die Akzeptanz von KI-Systemen bei Kunden und Stakeholdern zu erhöhen. Dies ist besonders relevant in Bereichen, in denen Entscheidungen der KI-Systeme erhebliche Auswirkungen haben können, wie im Gesundheitswesen, in der Finanzbranche oder im Rechtswesen. Um die Interpretierbarkeit zu verbessern, können Unternehmen Techniken wie Feature Importance-Analysen, Entscheidungsbaumvisualisierungen oder Erklärungsmodelle wie LIME (Local Interpretable Model-agnostic Explanations) einsetzen. Die Herausforderung besteht darin, ein Gleichgewicht zwischen der Leistungsfähigkeit komplexer Modelle und ihrer Nachvollziehbarkeit zu finden.

Modell

Ein Modell in der KI ist eine vereinfachte Darstellung der Realität, die für Vorhersagen und Analysen verwendet wird. Unternehmen sollten Modelle entwickeln, die präzise, effizient und auf ihre spezifischen Anwendungsfälle zugeschnitten sind.

Monte Carlo Simulation

Monte Carlo Simulation ist eine statistische Technik, die Zufallsstichproben verwendet, um numerische Ergebnisse für komplexe Probleme zu erzeugen, die analytisch schwer zu lösen sind. Diese Methode wird in einer Vielzahl von Bereichen eingesetzt, einschließlich Finanzwesen, Ingenieurwesen, Forschung und KI, um Unsicherheiten und Wahrscheinlichkeiten zu modellieren. In der Künstlichen Intelligenz wird die Monte Carlo Simulation häufig für Optimierungsprobleme, Risikoanalyse und Entscheidungsfindung unter Unsicherheit verwendet. Für Unternehmen, die Monte Carlo Simulationen einsetzen, bietet dies die Möglichkeit, die Auswirkungen von Risiken und Unsicherheiten auf ihre Modelle und Entscheidungen besser zu verstehen. Diese Technik kann beispielsweise verwendet werden, um die Wahrscheinlichkeiten verschiedener Szenarien in der Finanzplanung zu bewerten oder um die Leistung von Algorithmen unter verschiedenen Bedingungen zu simulieren. Die Herausforderung bei der Verwendung von Monte Carlo Simulationen liegt in der Notwendigkeit, genügend Stichproben zu generieren, um aussagekräftige Ergebnisse zu erzielen, und in der Fähigkeit, die Ergebnisse richtig zu interpretieren und in praktische Strategien umzusetzen.

Multimodale KI

Multimodale KI bezieht sich auf Systeme, die Informationen aus verschiedenen Datenquellen wie Text, Bild und Ton verarbeiten können. Unternehmen, die multimodale KI einsetzen, können dadurch umfassendere und genauere Analyseergebnisse erzielen.

Natural Language Processing (NLP)

Natural Language Processing (NLP) ist ein Bereich der Künstlichen Intelligenz, der sich mit der Interaktion zwischen Computern und menschlicher Sprache beschäftigt. Ziel von NLP ist es, Computern das Verstehen, Interpretieren und Generieren menschlicher Sprache auf eine Weise zu ermöglichen, die sowohl natürlich als auch sinnvoll ist. Dies umfasst Aufgaben wie Spracherkennung, Textanalyse, Übersetzung und Sentimentanalyse. Für Unternehmen ist NLP ein mächtiges Werkzeug, um große Mengen unstrukturierter Textdaten zu analysieren, wertvolle Erkenntnisse zu gewinnen und die Benutzererfahrung zu verbessern.

Anwendungen von NLP in der Geschäftswelt reichen von Chatbots und virtuellen Assistenten über automatisierte Kundenbetreuung bis hin zur Trendanalyse in sozialen Medien. Die Implementierung von NLP erfordert ein tiefes Verständnis der Sprachwissenschaften sowie fortgeschrittene KI- und maschinelle Lernfähigkeiten. Unternehmen müssen auch sicherstellen, dass ihre NLP-Systeme auf umfangreichen und vielfältigen Daten trainiert werden, um Genauigkeit und Fairness zu gewährleisten. Die Herausforderung besteht darin, Systeme zu entwickeln, die effektiv mit der Komplexität und Vielfalt menschlicher Sprache umgehen können.

Neural Architecture Search (NAS)

Neural Architecture Search (NAS) ist ein Prozess im Bereich des maschinellen Lernens, bei dem automatisierte Methoden verwendet werden, um die optimale Architektur für ein neuronales Netzwerk zu finden. NAS kann dazu beitragen, die Zeit und den Aufwand zu reduzieren, die normalerweise für das manuelle Design von neuronalen Netzen erforderlich sind. Für Unternehmen bedeutet der Einsatz von NAS, dass sie effizientere und leistungsfähigere neuronale Netzwerkmodelle entwickeln können. Dies ist besonders nützlich in Bereichen, in denen maßgeschneiderte Architekturen einen signifikanten Unterschied in der Modellleistung machen können, wie in der Bild- und Sprachverarbeitung. NAS-Techniken umfassen Methoden wie evolutionäre Algorithmen, Reinforcement Learning und Gradient-based Search. Die Herausforderung bei der Verwendung von NAS liegt in den hohen Rechenanforderungen und der Komplexität der Suche nach der optimalen Architektur in einem enorm großen Raum möglicher Netzwerkkonfigurationen.

Open Source

Open Source bezieht sich auf Software oder andere kreative Werke, deren Quellcode oder Inhalt öffentlich verfügbar ist und von der Gemeinschaft frei eingesehen, genutzt, modifiziert und verteilt werden kann. Diese Projekte fördern die Kollaboration und Transparenz, da sie die Möglichkeit bieten, gemeinsam an der Entwicklung und Verbesserung von Software oder anderen kreativen Projekten teilzunehmen, ohne Beschränkungen durch proprietäre Lizenzen. Open Source trägt zur Schaffung einer vielfältigen und innovativen Softwarelandschaft bei und wird oft von einer engagierten Gemeinschaft von Entwicklern und Enthusiasten unterstützt.

Operational Efficiency with AI

Operational Efficiency with AI bezieht sich auf die Anwendung von KI-Technologien zur Optimierung von Geschäftsprozessen und zur Steigerung der Effizienz in verschiedenen Unternehmensbereichen. KI kann helfen, Arbeitsabläufe zu automatisieren, Entscheidungsprozesse zu verbessern und die Ressourcennutzung zu optimieren. Für Führungskräfte bedeutet dies, dass sie durch den Einsatz von KI in der Lage sind, operative Abläufe zu straffen, Kosten zu senken und die Produktivität zu steigern. KI-gestützte Systeme können in Bereichen wie der Lieferkette, der Fertigung, dem Kundenservice und der Personalverwaltung eingesetzt werden. Die Herausforderung besteht darin, die richtigen KI-Lösungen auszuwählen, die zu den spezifischen Bedürfnissen des Unternehmens passen, und sicherzustellen, dass diese Lösungen nahtlos in bestehende Systeme integriert werden können. Außerdem müssen Unternehmen ihre Mitarbeiter entsprechend schulen und die Auswirkungen von KI auf die Belegschaft managen.

Outlier Detection

Outlier Detection, auch bekannt als Anomalieerkennung, ist der Prozess der Identifizierung von abweichenden, ungewöhnlichen oder verdächtigen Datenpunkten in Datensätzen. Diese Datenpunkte können auf Fehler, Ausreißer oder sogar betrügerische Aktivitäten hinweisen. In der Unternehmenswelt ist Outlier Detection von hoher Bedeutung für Bereiche wie Betrugserkennung, Qualitätskontrolle und Risikomanagement. Durch die Identifizierung von Ausreißern können Unternehmen potenzielle Probleme frühzeitig erkennen und Maßnahmen ergreifen, um Schäden oder Verluste zu vermeiden. Die Herausforderung bei der Outlier Detection liegt darin, die richtigen Methoden und Algorithmen zu wählen, die sowohl effektiv als auch effizient in der Erkennung von Anomalien sind, ohne zu viele falsche Positivmeldungen zu erzeugen. Techniken wie statistische Tests, Clustering-Methoden und maschinelles Lernen sind gängige Ansätze zur Outlier Detection.

Predictive Analytics

Predictive Analytics umfasst die Verwendung von Daten, statistischen Algorithmen und maschinellem Lernen, um die Wahrscheinlichkeit zukünftiger Ereignisse auf der Grundlage historischer Daten zu identifizieren. Es ist ein wichtiger Bestandteil vieler KI-Systeme und ermöglicht es Unternehmen, Trends vorherzusagen, Risiken zu bewerten und informierte Entscheidungen zu treffen. Für Unternehmen ist Predictive Analytics ein unverzichtbares Werkzeug für eine Vielzahl von Anwendungen, darunter Kundenbeziehungsmanagement, Lagerbestandsmanagement und Risikomanagement. Der Schlüssel zu effektiver Predictive Analytics liegt in der Qualität und Quantität der verfügbaren Daten sowie in der Auswahl und Implementierung geeigneter Algorithmen.

Unternehmen müssen sicherstellen, dass ihre Daten sauber, relevant und umfangreich sind, um genaue Vorhersagen zu ermöglichen. Darüber hinaus erfordert Predictive Analytics eine ständige Überwachung und Anpassung der Modelle, um sicherzustellen, dass sie aktuell bleiben und präzise Ergebnisse liefern.

Predictive Maintenance

Predictive Maintenance nutzt KI und maschinelles Lernen, um vorauszusagen, wann Wartungsarbeiten an Maschinen und Ausrüstungen erforderlich sind, basierend auf Echtzeitdaten und historischen Leistungsdaten. Dies ermöglicht Unternehmen, Wartungsarbeiten proaktiv zu planen, Ausfallzeiten zu minimieren und die Lebensdauer von Anlagen zu verlängern. Für Unternehmensführer bietet Predictive Maintenance die Möglichkeit, Kosten zu senken und die Effizienz zu steigern, indem Wartungsarbeiten optimiert und ungeplante Stillstände reduziert werden. Dies erfordert eine genaue Analyse großer Mengen von Betriebsdaten und die Entwicklung zuverlässiger Modelle zur Früherkennung von potenziellen Problemen. Die Herausforderung besteht darin, die Genauigkeit der Vorhersagen kontinuierlich zu verbessern und die Wartungspläne effektiv in den Betriebsablauf zu integrieren.

Quantencomputer

Ein Quantencomputer ist ein spezieller Computer, der Quantenmechanik nutzt und Qubits anstelle von Bits verwendet. Qubits können in verschiedenen Zuständen gleichzeitig existieren (Überlagerung) und sind verschränkt, was bedeutet, dass ihre Zustände voneinander abhängig sind. Quantencomputer haben das Potenzial, bestimmte Berechnungsprobleme wesentlich schneller zu lösen als klassische Computer, sind jedoch noch in der Entwicklungsphase und stehen vor technischen Herausforderungen. Sie könnten in Zukunft wichtige Fortschritte in verschiedenen wissenschaftlichen und industriellen Anwendungen ermöglichen.

Quantum Computing

Quantum Computing bezieht sich auf die Verwendung von Quantenmechanik-Prinzipien für die Datenverarbeitung und bietet potenziell exponentielle Geschwindigkeitsvorteile gegenüber klassischen Computern. Quantum Computing hat das Potenzial, Probleme in Bereichen wie Kryptographie, Materialwissenschaft und komplexe Systemsimulationen zu lösen, die für herkömmliche Computer zu anspruchsvoll sind. Für Unternehmen stellt Quantum Computing eine aufregende, aber auch herausfordernde Technologie dar. Es eröffnet Möglichkeiten für bahnbrechende Fortschritte in Bereichen wie Arzneimittelforschung und Finanzmodellierung. Gleichzeitig erfordert es jedoch erhebliche Investitionen in Forschung und Entwicklung sowie spezialisiertes Wissen in Quantenphysik und Informatik. Unternehmen, die in Quantum Computing einsteigen wollen, müssen sich auf langfristige Forschungs- und Entwicklungsprojekte einstellen und möglicherweise mit Universitäten und Forschungseinrichtungen zusammenarbeiten, um auf diesem Gebiet erfolgreich zu sein.

Retrieval-Augmented Generation

Retrieval Augmented Generation (RAG) verbindet die Vorteile von abfragebasierten und generativen KI-Modellen. RAG KI wird häufig zur Verarbeitung natürlicher Sprache (NLP) eingesetzt. Sie kann auf Grundlage vorhandenen Wissens kontextbezogene Antworten, Anweisungen oder Erklärungen in menschenähnlicher Sprache von sich geben.

Reinforcement Learning

Reinforcement Learning ist ein Bereich des maschinellen Lernens, bei dem ein Agent lernt, in einer Umgebung zu handeln, um die kumulierte Belohnung zu maximieren. Dieser Ansatz basiert auf dem Prinzip von Versuch und Irrtum, wobei der Agent Strategien entwickelt, um optimale Aktionen basierend auf den Rückmeldungen aus der Umgebung zu wählen. Unternehmen können Reinforcement Learning in einer Vielzahl von Anwendungen nutzen, darunter in der Robotik, bei Optimierungsproblemen und in der Spieltheorie. Ein Schlüsselaspekt von Reinforcement Learning ist die Entwicklung eines effektiven Belohnungssystems, das den Agenten anleitet und ihm hilft, die besten Entscheidungen zu treffen. Die Herausforderung besteht darin, ein Gleichgewicht zwischen der Erkundung neuer Strategien und der Ausbeutung bekannter Strategien zu finden, um langfristig optimale Ergebnisse zu erzielen. Unternehmen müssen auch sicherstellen, dass ihre Reinforcement Learning-Modelle robust und anpassungsfähig sind, um in komplexen und sich verändernden Umgebungen erfolgreich zu sein.

Roboter

Ein Roboter ist eine mechanische oder elektronische Vorrichtung, die Aufgaben selbstständig oder teilweise autonom ausführt. Sie können in verschiedenen Bereichen wie Industrie, Medizin und Haushalt eingesetzt werden und sind mit Sensoren und Computern ausgestattet, um ihre Umgebung zu erfassen und entsprechend zu handeln. Roboter sind vielseitige Werkzeuge, die dazu beitragen, Aufgaben zu automatisieren und neue Möglichkeiten in verschiedenen Branchen zu schaffen.

Robotic Process Automation (RPA)

Robotic Process Automation (RPA) ist die Technologie, die es ermöglicht, Geschäftsprozesse durch den Einsatz von Software-

Robotern zu automatisieren. Diese Roboter können sich wiederholende, regelbasierte Aufgaben ausführen, die zuvor von Menschen durchgeführt wurden. RPA wird in einer Vielzahl von Branchen eingesetzt, um Effizienz zu steigern, Fehler zu reduzieren und Kosten zu senken. Für Unternehmen bietet RPA die Möglichkeit, viele ihrer operativen Prozesse zu optimieren, insbesondere in Bereichen wie Kundenservice, Rechnungswesen und HR. Der Schlüssel zum erfolgreichen Einsatz von RPA liegt in der sorgfältigen Auswahl von Prozessen, die für eine Automatisierung geeignet sind, und in der Entwicklung robuster und zuverlässiger Software-Roboter.

Wichtig ist auch die Integration von RPA-Lösungen in die bestehende IT-Infrastruktur und die Schulung der Mitarbeiter, um die neuen Tools effektiv zu nutzen. Unternehmen sollten auch die langfristige Wartung und Anpassung der RPA-Systeme berücksichtigen, um sicherzustellen, dass sie weiterhin wertvolle Ergebnisse liefern.

Semantic Analysis

Semantic Analysis in der KI bezieht sich auf den Prozess des Verstehens der Bedeutung und der Absicht hinter menschlicher Sprache, sei es in geschriebener oder gesprochener Form. Dieser Bereich des Natural Language Processing (NLP) ist entscheidend, um die Nuancen und den Kontext in Textdaten zu erfassen. Unternehmen nutzen Semantic Analysis, um tiefere Einblicke in Kundenfeedback, Markttrends und soziale Medien zu gewinnen. Für eine effektive Semantic Analysis müssen Unternehmen fortschrittliche Algorithmen und Modelle entwickeln, die über Schlüsselwörter hinausgehen und den Kontext, die Absichten und Emotionen hinter den Worten verstehen. Dies erfordert große Datenmengen und fortgeschrittene NLP-Techniken wie Sentimentanalyse und Textklassifizierung. Die

Herausforderung liegt in der Entwicklung von Systemen, die unterschiedliche Sprachstile, Slang, Ironie und Mehrdeutigkeit verstehen können. Zudem müssen Unternehmen sicherstellen, dass ihre Semantic Analysis-Systeme kontinuierlich lernen und sich an sich ändernde Sprachgebrauchsweisen anpassen.

Supervised Learning

Supervised Learning ist ein maschinelles Lernverfahren, bei dem Modelle anhand von gelabelten Trainingsdaten trainiert werden. Jedes Trainingsbeispiel besteht aus einem Eingabedatensatz und dem dazugehörigen Ausgabedatensatz (Label). Der Algorithmus lernt, die Beziehung zwischen Eingaben und Ausgaben zu verstehen und Vorhersagen für neue, unbekannte Daten zu treffen. Für Unternehmen ist Supervised Learning besonders nützlich für Anwendungen wie Kundenklassifizierung, Kreditwürdigkeitsprüfung und Vorhersage von Verkaufstrends. Der Schlüssel zum Erfolg liegt in der Qualität und Menge der Trainingsdaten: Je genauer und umfassender die Daten, desto besser kann das Modell lernen und vorhersagen. Unternehmen müssen auch auf die Vermeidung von Overfitting achten, wobei das Modell zu sehr auf die Trainingsdaten abgestimmt wird und seine Fähigkeit zur Generalisierung auf neue Daten verliert. Dies kann durch Techniken wie Cross-Validation und die richtige Wahl der Modellkomplexität erreicht werden.

Test Data

Test data (auch Testdaten genannt) sind eine wichtige Komponente im Bereich des maschinellen Lernens und der Softwareentwicklung. Testdaten sind separate Datensätze oder Informationen, die verwendet werden, um die Leistung eines Modells oder einer Anwendung zu evaluieren, nachdem es auf

Trainingsdaten trainiert wurde. Die Testdaten sind normalerweise von den Trainingsdaten unabhängig und repräsentativ für reale Szenarien. Durch die Verwendung von Testdaten können Entwickler und Datenwissenschaftler die Genauigkeit, die Effizienz und die Zuverlässigkeit eines Modells oder einer Anwendung bewerten, um sicherzustellen, dass es ordnungsgemäß funktioniert und nicht nur die Trainingsdaten auswendig gelernt hat (Overfitting vermieden wird). Die Ergebnisse der Testdaten ermöglichen es, Fehler oder Schwachstellen zu identifizieren und das Modell oder die Anwendung gegebenenfalls zu verbessern.

Transfer Learning

Transfer Learning ist eine Methode im maschinellen Lernen, bei der ein Modell, das für eine Aufgabe entwickelt wurde, wiederverwendet und angepasst wird, um eine andere, aber verwandte Aufgabe zu lösen. Dieser Ansatz ist besonders nützlich, wenn für die neue Aufgabe nicht genügend Trainingsdaten zur Verfügung stehen.

Unternehmen nutzen Transfer Learning, um Zeit und Ressourcen zu sparen, indem sie auf bereits entwickelten

und trainierten Modellen aufbauen. Ein Beispiel hierfür ist die Verwendung eines vortrainierten Bilderkennungsmodells, das dann für spezifische Bildklassifizierungsaufgaben in einem bestimmten Bereich, wie der medizinischen Diagnostik, angepasst wird. Die Herausforderung bei Transfer Learning besteht darin, das richtige Basis-Modell auszuwählen und zu bestimmen, wie viel und welche Teile des Modells für die neue Aufgabe angepasst werden müssen.

Transformer

Transformer sind fortschrittliche KI-Modelle, die insbesondere in der Sprachverarbeitung eingesetzt werden. Unternehmen, die Transformer-Modelle nutzen, können von verbesserten Fähigkeiten in der Textanalyse und -generierung profitieren.

Unsupervised Learning

Unsupervised Learning ist ein Typ des maschinellen Lernens, bei dem Algorithmen Muster und Strukturen in Daten finden, ohne dass explizite Anweisungen oder Labels vorgegeben sind. Typische Anwendungen sind Clustering, Anomalieerkennung und Dimensionsreduktion. Für Unternehmen bietet Unsupervised Learning die Möglichkeit, verborgene Muster in Daten zu entdecken, die für menschliche Analysten nicht offensichtlich sind. Dies kann in der Marktforschung, bei der Kundensegmentierung oder zur Erkennung von Betrugsmustern nützlich sein. Die Herausforderung besteht darin, Algorithmen zu entwickeln, die effektiv und zuverlässig Muster identifizieren können, und die Ergebnisse richtig zu interpretieren, um wertvolle Geschäftseinblicke zu gewinnen.

Verteilte KI

Verteilte KI bezieht sich auf Systeme, die über mehrere Maschinen oder Standorte verteilt sind. Unternehmen können durch den Einsatz von verteilter KI ihre Rechenressourcen effizienter nutzen und komplexe Aufgaben bewältigen.

Virtual Agents

Virtual Agents sind computerbasierte Programme, die menschliche Interaktionen simulieren, um Aufgaben oder

Dienstleistungen zu erbringen. Sie finden häufig Anwendung in Kundendienstsystemen, wo sie Fragen beantworten, und Probleme lösen können, ohne menschliche Intervention. Für Unternehmen bieten Virtual Agents eine effiziente und kostengünstige Möglichkeit, den Kundenservice zu verbessern und die Mitarbeiter von routinemäßigen Aufgaben zu entlasten. Wichtig ist jedoch, dass diese Agenten gut gestaltet sind, um natürlich und hilfreich zu wirken. Dies erforderten fortschrittliche NLP-Technologien und ein tiefes Verständnis der Kundenbedürfnisse und -präferenzen. Unternehmen müssen auch sicherstellen, dass ihre virtuellen Agenten kontinuierlich lernen und sich an neue Anfragen und Benutzerverhalten anpassen.

Wissensrepräsentation

Wissensrepräsentation ist ein Schlüsselelement der KI, das sich auf die Art und Weise bezieht, wie Wissen in einem KI-System dargestellt und verarbeitet wird. Unternehmen müssen effektive Methoden der Wissensrepräsentation entwickeln, um komplexe Probleme zu lösen.

Zertifizierung

Zertifizierung im Kontext der KI bedeutet, dass ein KI-System bestimmte Standards erfüllt. Unternehmen sollten ihre KI-Systeme zertifizieren lassen, um Vertrauen und Glaubwürdigkeit bei Kunden und Regulierungsbehörden zu schaffen.

Autorenverzeichnis

Dr. Harald Schönfeld

Eckhart Hilgenstock

Dr. Harald Schönfeld

Dr. Harald Schönfeld, Diplom-Volkswirt, Universität Trier. Post-Graduate Zusatzstudium „Innovationsmanagement“, Technische Universität Berlin. Promotion in Wirtschafts- und Sozialwissenschaften (Dr. rer. soc. oec.), Wirtschaftsuniversität Wien. Zertifizierter Aufsichtsrat & Beirat.

Nach dem Studium Karriere als angestellter Manager: Positionen im Marketing und Vertrieb, vor allem in großen, international tätigen Konzernen, insbesondere im Health Care-Bereich.

Seit 2003 ist er im Interim Management-Business tätig. Er ist Co-Gründer und Co-Geschäftsführer der UnitedInterim GmbH (www.unitedinterim.com), dem ersten digitalen Branchen-Ökosystem. Darüber hinaus führt er als Gründer und Geschäftsführender Gesellschafter die butterflymanager GmbH (www.butterflymanager.com). Dies ist eine auf die Vermittlung von Interim Managern spezialisierte Personalberatung mit nationalen und internationalen Interim Management-Projekten: Besetzung von C-Level Positionen, erste und zweite Führungsebene und Projektleitungen. Parallel hat er sich acht Jahre in der Branche als Stellvertretender Vorsitzender der Branchenvereinigung AIMP (Arbeitskreis Interim Management Provider) in Deutschland, der Schweiz und Österreich engagiert.

Dr. Harald Schönfeld hält Vorträge, unter anderem als Keynote-Speaker, leitet Fachkonferenzen und ist Autor und Herausgeber mehrerer Fachbücher im Bereich Interim Management, unter anderem des Standardwerkes „Karriere-Handbuch für Interim Manager“ (zusammen mit Prof. Dr. Günther Singer und Jürgen Becker).

Ebenfalls ist er Herausgeber (teilweise zusammen mit Jürgen Becker) der Fachbuchreihe „Von Interim Managern lernen“. Er ist aktives Mitglied und Autor im globalen Think Tank Diplomatic Council (DC) mit Beraterstatus bei den Vereinten Nationen (UNO). Seit 2022 ist er Dozent für Interim Management und Leiter des Zertifikatskurses für Aufsichtsräte und Beiräte an der Steinbeis Augsburg Business School. Darüber hinaus fungiert er als Herausgeber der Fachbuchreihe „Praxiswissen für Aufsichtsräte und Beiräte“, die im Verlag des Diplomatic Council gemeinsam mit der Steinbeis Augsburg Business School erscheint.

Kontakt:

Dr. Harald Schönfeld
UNITEDINTERIM GmbH
Kohlreinstrasse 10
CH-8700 Küsnacht
Email: harald.schoenfeld@unitedinterim.com
Web: www.unitedinterim.com

butterflymanager GmbH
Ringstrasse 7
CH-8603 Schwerzenbach
+41 71 677 01 66
Email: schoenfeld@butterflymanager.com
Web: www.butterflymanager.com

Eckhart Hilgenstock

Eckhart Hilgenstock ist Interim Executive (EBS), Interim Manager des Jahres 2012 (AIMP), Top Interim Manager im *Manager Magazin* 10/2021 und in *Capital* 01/2022 (Beilage), Top Interim Manager *Harvard Business Review* 2023, zertifizierter Aufsichts- und Beirat (Steinbeis) sowie Mitglied im Kreis der klugen Köpfe des Diplomatic Council.

Seine Kunden schätzen den Wert, den er durch profitables Wachstum und B2B-Digitalisierung gemeinsam mit Kundenteams schafft. Häufig handelt es sich dabei um Marketing-, Business Development- und Verkaufsmandate. Sein Motto ist: *Herausforderungen zu Wachstum machen. Agil. Digital. Sales.*

Der neutrale Blick und die Impulse von außen fördern neue Lösungen. Schnell wird das Licht am Ende des Tunnels sichtbar. Sein Angebot:

- Verkauf effizienter gestalten, Auftragseingang steigern und Kundenerlebnis verbessern;
- Digitale Transformation leiten und Mitarbeiter zur Veränderung und zum Erfolg führen;
- Komplexe Projekte erfolgreich gestalten sowie Prozesse und Business Rhythmus strukturieren.

Arbeitsweise:

- Er rückt den Kunden ins Zentrum seines Denkens.

- Er bringt Struktur ins digitale Geschäft und erzielt dadurch schnell Ergebnisse.
- Qualität und transparente Kommunikation zeichnen ihn aus.
- Er kommt, um zu gehen: „Entwickle Nachhaltigkeit und fördere Selbständigkeit!“
- Er handelt ehrlich und fair und vermeidet Überraschungen.
- Der Mensch steht für ihn im Vordergrund. Wenn der/die Mitarbeiter:in sich wohlfühlt, dann ruft er/sie mit Freude die beste Leistung ab. Und liefert außergewöhnliche Ergebnisse!

Kontakt:

Eckhart Hilgenstock
Meisenweg 27
22926 Ahrensburg

Email: heh@hilgenstock-hamburg.de
Phone: +49 4102 498 999 0
Mobil: +49 176 103 209 28
Web: www.hilgenstock-hamburg.de

Bücher im DC Verlag

Besondere Empfehlung für alle Interim Manager

Karriere-Handbuch für Interim Manager – Ein systematischer Leitfaden zum Erfolg als Freelancer im Management, Jürgen Becker, Dr. Harald Schönfeld, Prof. Dr. Günther Singer, 448 Seiten, Hardcover, ISBN 978-3-98674-042-9

Fachbücher „Von Interim Managern lernen“

Das Diplomatic Council (DC) veröffentlicht gemeinsam mit United Interim (UI) die Fachbuchreihe „Von Interim Managern lernen“ mit dem UI-Gründer und Geschäftsführer Dr. Harald Schönfeld als Herausgeber. Die Buchreihe wird kontinuierlich um neue Themen erweitert. Bislang sind folgende Bücher erschienen:

Interim Manager berichten aus der Praxis: Automotive, Reihe „Von Interim Managern lernen“, Jürgen Becker, Ulf Camehn, Ludek Cermak, Hanno Goffin, Ralf-Peter Hanrieder, Dr. Dr. Stefan Hohberger, Andreas Kälber, Dr. Gerhard Müller-Spanka, Frank P. Neuhaus, Christine Pfisterer, Christian Ritzer, Dr. Harald Schönfeld, Jane Enny van Lambalgen, 404 Seiten, Paperback, ISBN 978-3-947818-29-7

Interim Manager berichten aus der Praxis: Maschinen- und Anlagenbau, Reihe „Von Interim Managern lernen“, Jürgen Becker, Eckhart Hilgenstock, Falk Janotta, Peter Lüthi, Hans-Rolf Niehues, Manfred Richter, Dr. Harald Schönfeld, Dr. Uwe Seidel, Götz Stapelfeldt, Michael Weimar, 312 Seiten, Paperback, ISBN 978-3-947818-75-4

Interim Manager berichten aus der Praxis: Business Transformation, Reihe „Von Interim Managern lernen“, Dr. Bodo Antonić, Jürgen Becker, Udo Fichtner, Rudi Grebner, Michael Gutowski, Lothar Hiese, Eckhart Hilgenstock, Falk Janotta, Kirsten Klomfass, Stefan Löffler, Susanne Möcks-Carone, Manfred Richter, Dr. Harald Schönfeld, Rolf Marcus Schuss, Rainer Simko, Dr. Detlef Weber, 512 Seiten, Paperback, ISBN 978-3-98674-009-2

Interim Manager berichten aus der Praxis: Human Resources – Personalwesen in Krisenzeiten, Reihe „Von Interim Managern lernen“, Urs Affolter, Ulvi Aydin, Ulf Camehn, Udo Fichtner, Detlef Georg, Michael Gutowski, Hans Rolf Niehues, Dr. Frank Orthmann, Paul Stricker, Dr. Detlef Weber, Karlheinz Zuerl, 532 Seiten, Paperback, ISBN 978-3-98674-054-2

Interim Manager berichten aus der Praxis: Künstliche Intelligenz als Business-Booster im Unternehmen, Reihe „Von Interim Managern lernen“, Ulvi Aydin, Klaus Becker, Udo Fichtner, Melanie Heßler, Eckhart Hilgenstock, Falk Janotta, Jürgen Kaiser, Dr. Albert Schappert, Dr. Harald Schönfeld, Klaus-Peter Stöppler, Oliver Strass, 380 Seiten, Paperback, ISBN 978-3-98674-110-5

Marketing- und Sales-Intelligenz im Maschinen- und Anlagenbau, Eckhart Hilgenstock, 76 Seiten, Paperback, ISBN 978-3-98674-020-7

Business Transformation ist der einzige Schritt in die Zukunft, Eckhart Hilgenstock, 72 Seiten, Paperback, ISBN 978-3-98674-058-0

Technischer Einkauf im Maschinen- und Anlagenbau, Manfred Richter, 84 Seiten, Paperback, ISBN 978-3-98674-018-4

Verhandlungen in der Automobilindustrie, Hanno Goffin, Andreas Jüstel, 216 Seiten, Paperback, ISBN 978-3-98674-036-8

Management in China – Geschäftsentwicklung, Restrukturierung, Einkauf, Vertrieb, Fertigung, Logistik, Standortwahl, Qualitätsmanagement, Karlheinz Zuerl, 180 Seiten, Paperback, ISBN 978-3-98674-063-4

Marken-Risiko-Management – Brand-Gefahren: Feuer vermeiden und löschen, Jochen J. Schmahl, 192 Seiten, Paperback, ISBN 978-3-98674-069-6

Zudem sind im Verlag des Diplomatic Council folgende Fachbücher aus der Reihe „Praxiswissen für Aufsichtsräte und Beiräte“ (Herausgeber Dr. Harald Schönfeld) erschienen.

Künstliche Intelligenz für Entscheider, Andreas Dripke, Andreas Renner, Prof. Dr. Alexander Richter, Dr. Harald Schönfeld, Prof. Dr. Sebastian Thrun, Dr. Horst Walther, 220 Seiten, Hardcover, ISBN 978-3-98674-078-8

Kommunikation für Aufsichtsräte und Beiräte, Andreas Dripke, 148 Seiten, Hardcover, ISBN 978-3-98674-073-3

Internationalisierung für Aufsichtsräte und Beiräte, Michael Gutowsi, 118 Seiten, Hardcover, ISBN 978-3-98674-075-7

IT und Digitales für Aufsichtsräte und Beiräte, Daniela Hellwig, Karl-Heinz Schulte, 256 Seiten, Hardcover, ISBN 978-3-98674-112-9

Darüber hinaus sind im Verlag des Diplomatic Council die auf den folgenden Seiten aufgeführten Sachbücher erschienen. Der Verlag ist neuen Autoren gegenüber aufgeschlossen.

Sachbücher

Stasi 2.0 – Wie wir durch den staatlich-industriellen Digitalkomplex zu gläsernen Bürgern werden und was das für unsere Zukunft bedeutet. 2. aktualisierte Auflage, Andreas Dripke, Markus Miksch, 444 Seiten, ISBN 978-3-947818-05-1

Mein Atomknopf ist größer – America vs. North Korea. Jamal Qaiser, 184 Seiten, Paperback, ISBN 978-3-947818-01-3

Rechtsruck – Wie das Wiedererstarken des Nationalismus Deutschland in die Katastrophe führt. Anonyme Autoren, 660 Seiten, Paperback, ISBN 978-3-947818-06-8

Pandemie – Die Welt im Corona-Krieg, 2. aktualisierte Auflage, Andreas Dripke, Markus Miksch, 148 Seiten, Paperback, ISBN 978-3-947818-13-6

Covid-19 Falsche Pandemie – Die fatalen Fehler der WHO und ihre verhängnisvollen Folgen. Jamal Qaiser, Markus Miksch, 234 Seiten, Paperback, ISNB 978-3-947818-15-0

75 Jahre UNO – Macht und Ohnmacht der Vereinten Nationen. Andreas Dripke, Hang Nguyen, 330 Seiten, Paperback, ISBN 978-3-947818-07-5

Die Dekade 2020-2030 – Das kommt auf uns zu!, Andreas Dripke, Hang Nguyen, 362 Seiten, ISBN 978-3-947818-17-4

Corona und Impfen, Andreas Dripke et al., 188 Seiten, ISBN 978-3-947818-18-1

Hacker – Angriff auf unsere Computer-Zivilisation, Anonyme Autoren, 432 Seiten, ISBN 978-3-947818-23-5

Künstliche Intelligenz (KI) – Wir werden gedacht, Dr. Horst Walther, Andreas Dripke, 250 Seiten, ISBN 978-3-947818-25-9

Migration nach Europa – Wir schaffen das und die Folgen, Anonyme Autoren, 510 Seiten, Paperback, ISBN 978-3-947818-32-7

Auto – Vom Diesel-Desaster bis zum selbstfahrenden E-Auto, Autorengemeinschaft Diplomatic Council, 572 Seiten, Paperback, ISBN 978-3-947818-09-9

Digitale Disruption – Alles wird anders, Andreas Dripke et al., 216 Seiten, Paperback, ISBN 978-3-947818-34-1

Welt ohne Bargeld – Bitcoin und andere Kryptowährungen, Andreas Dripke, Stephanie Stoerk, 176 Seiten, Paperback, ISBN 978-3-947818-41-9

Die biometrische Vermessung der Menschheit, Andreas Dripke et al., 212 Seiten, Paperback, ISBN 978-3-947818-39-6

Apple Car – Wie der iKonzern das Auto neu erfindet, Andreas Dripke et al., 284 Seiten, Paperback, ISBN 978-3-94-7818-43-3

Der Wahn mit dem Datenschutz, Marc Ruberg et al., 136 Seiten, Paperback, ISBN 978-3-947818-51-8

Die Apple Agenda – Welche Märkte der iKonzern künftig revolutionieren wird, Andreas Dripke et al., 260 Seiten, Paperback, ISBN 978-3-947818-47-1

Hilfe, wir werden gechippt! – Vom Mikrochip unter der Haut bis zum Hirnschrittmacher, Andreas Dripke et al., 176 Seiten, Paperback, ISBN 978-3-947818-55-6

Cyber War – Die digitale Bedrohung, Marc Ruberg et al., 244 Seiten, Paperback, ISBN 978-3-947818-45-7

Inside WHO – Analyse der World Health Organization (WHO) und ihres Chefs Dr. Tedros Adhanom Ghebreyesus, Andreas Dripke et al., 124 Seiten, Paperback, ISBN 978-3-947818-27-3

2045 – Das Jahr, in dem die Künstliche Intelligenz schlauer wird als der Mensch, Andreas Dripke, Dr. Horst Walther, 104 Seiten, ISBN 978-3-947818-57-0

Der digitale Euro kommt – Fakten, Analysen, Hintergründe, Andreas Dripke, Stephanie Stoerk, 232 Seiten, Paperback, ISBN 978-3-947818-61-7

Denken 5.0 – Was die klügsten Köpfe eines globalen Think Tank über unsere Zukunft denken; Andreas Dripke, Claude Piel, Detlef Schmuck, Dr. Harald Schönfeld, Helmut von Siedmogrodzki, Stephanie Stoerk, Dr. Horst Walther; 292 Seiten, Paperback, ISBN 978-3-94-7818-36-5

Digitale Identität – Unser Zwilling im Datennetz, Andreas Dripke et al. 164 Seiten, Paperback, ISBN 978-3-947818-53-2

Ewige Pandemie – Freiheit ade, Andreas Dripke, Markus Miksch, 204 Seiten, Paperback, ISBN 978-3-947818-59-4

Der Dritte Weltkrieg – Das Undenkbare denken, die deutsche Ausgabe von „How to avoid World War III“, Hang Nguyen, Jamal Qaiser, 216 Seiten, Paperback, ISBN 978-3-947818-67-9

Auto ohne Lenkrad – Das selbstfahrende Auto steht vor der Tür, Patrick Dripke, Thomas Gronenthal, 140 Seiten, Paperback, ISBN 978-3-947818-79-2

Roboter im Alltag – Maschinen (beinahe) wie Menschen, Andreas Dripke, 176 Seiten, Paperback, ISBN 978-3-947818-71-6

Irrfahrt E-Auto – Abgesang auf die deutsche Autoindustrie, Thomas Gronenthal et al., 212 Seiten, Paperback, ISBN 978-3-947818-81-5

China versus USA – Kampf um die Vorherrschaft, Dr. Horst Walther et al., 280 Seiten, Paperback, ISBN 978-3-947818-63-1

Krieg in Europa – Unser schlimmster Albtraum, Andreas Dripke, Hang Nguyen, Jamal Qaiser, Dr. Horst Walther, 260 Seiten, Paperback, ISBN 978-3-98674-026-9

Kampf ums Wasser – Die Herausforderung des 21. Jahrhunderts, Claude Piel, 380 Seiten, Paperback, ISBN 978-3-98674-024-5

Asyl – Flucht ins Paradies, Hang Nguyen, 220 Seiten, Paperback, ISBN 978-3-98674-012-2

Das Internet der Dinge – Die Vernetzung umschlingt uns, Andreas Dripke, Wolfgang Odenthal, 132 Seiten, Paperback, ISBN 978-3-947818-99-0

Die Rückkehr der Kernkraft – Warum Atomenergie unsere Zukunft ist, Andreas Dripke, Hang Nguyen, Marc Ruberg, 204 Seiten, Paperback, ISBN 978-3-947818-95-2

Spion im Smartphone – Wie unser Alltags-Begleiter zur Falle wird, Marc Ruberg et al., 208 Seiten, Paperback, ISBN 978-3-947818-85-3

Kampf ums All – Wie Jeff Bezos, Richard Branson und Elon Musk den Weltraum erobern, und die Rolle der NASA, der ESA, Russlands und Chinas, Andreas Dripke, 260 Seiten, Paperback, ISBN 978-3-98674-014-6

Wenn sich China und Russland verbünden… – Die Herausforderung der Freien Welt, Andreas Dripke, Hang Nguyen, Jamal Qaiser, 260 Seiten, Paperback, ISBN 978-3-98674-016-0

Widerstand gegen die digitale Überwachung – Wofür Julian Assange und Edward Snowden kämpften, Marc Ruberg, Detlef Schmuck, 220 Seiten, Paperback, ISBN 978-3-947818-93-8

Alles über Krypto – NFT, Blockchain, Bitcoin & Co, Andreas Dripke, Stephanie Stoerk, 160 Seiten, Paperback, ISBN 978-3-98674-007-8

Computer wie Götter – Die Rechenknechte übernehmen die Herrschaft, Andreas Dripke, Hang Nguyen, 148 Seiten, Paperback, ISBN 978-3-98674-005-4

Das Versagen des Westens in Afghanistan, Syrien und der Ukraine, Hang Nguyen, Jamal Qaiser, 148 Seiten, Paperback, ISBN 978-3-947818-97-6

Das Diesel-Desaster – Die Geschichte des größten deutschen Industrieskandals, Thomas Gronenthal, 340 Seiten, Paperback, ISBN 978-3-947818-83-9

Metaverse – Was es ist, wie es funktioniert, wann es kommt, Andreas Dripke, Marc Ruberg, Detlef Schmuck, 256 Seiten, Paperback, ISBN 978-3-947818-87-7

Klimakatastrophe – Wahn oder Wirklichkeit, Hang Nguyen et al., 184 Seiten, Paperback, ISBN 978-3-947818-49-5

Was nach dem Smartphone kommt – Eine Reise in unsere digitale Zukunft, Andreas Dripke et al., 152 Seiten, Paperback, ISBN 978-3-947818-69-3

Die digitale Zivilisation – Die Genesis und Zukunft unserer Informationsgesellschaft, Andreas Dripke, Harald A. Summa, 232 Seiten, Paperback, ISBN 978-3-98674-044-3

Ich bin nicht woke – Eine Widerrede gegen Gendern, Woke, Cancel Culture und anderes Gedöns, Mai Linh Tran, 184 Seiten, Paperback, ISBN 978-3-98674-065-8

Masterplan: Wie Elon Musk unsere Welt erobert, Andreas Dripke, 296 Seiten, Paperback, ISBN 978-3-98674-056-6

ChatGPT und LaMDA sind erst der Anfang – Wie Künstliche Intelligenz unser aller Leben verändert, Andreas Dripke, Tony Nguyen, Dr. Horst Walther, 200 Seiten, Paperback, ISBN 978-3-98674-067-2

Sebastian Thrun – Die autorisierte Biografie. Eine deutsche Karriere im Silicon Valley und was wir daraus für unser eigenes Leben lernen können. Andreas Dripke, 296 Seiten, Paperback, ISBN 978-3-98674-052-8

Klima: Unsicherheit und Risiko – Unsere Reaktion überdenken, Dr. Judith Curry, 512 Seiten, Hardcover, ISBN 978-3-98674-091-7

Die falsche Energiewende – Die fatalen Fehler der deutschen Energiepolitik, Herbert W. Fischer, 164 Seiten, Paperback, ISBN 978-3-98674-099-3

Wohlstand und Wirtschaftswachstum ohne Reue – Klimarettung ja, Deindustrialisierung nein, Jean Pütz mit Andreas Dripke, 136 Seiten, Hardcover, ISBN 978-3-98674-093-1

Gesunde Ernährungskonzepte auf Basis aktueller Forschung (2020 - 2024) – Neueste Erkenntnisse aus der Entschlüsselung des Stoffwechsels, Dr. Detlef Weber, 268 Seiten, Hardcover, ISBN 978-3-98674-096-2

Über Diplomatic Council

Das vorliegende Werk ist im Verlag des Diplomatic Council (DC) erschienen: DC Publishing.

Das Diplomatic Council verknüpft einen globalen Think Tank, ein weltweites Business Network und eine Charity Foundation in einer einzigartigen Organisation mit Beraterstatus bei den Vereinten Nationen.

Unsere Mitglieder vertreten die feste Überzeugung, dass Wirtschaftsdiplomatie ein tragendes Fundament für die internationale Völkerverständigung und den friedlichen Umgang der Nationen darstellt. Aus dieser Erkenntnis heraus überträgt das Diplomatic Council das Ziel der globalen Völkerverständigung in ein ökonomisches Mandat. Die Methodik eines weltweiten Wirtschaftsnetzwerkes wird hierzu mit der diplomatischen Kommunikationsebene der Staaten dieser Erde untereinander verknüpft.

Vor diesem Hintergrund sind im Diplomatic Council Persönlichkeiten aus Diplomatie, Wirtschaft und Gesellschaft engagiert, die mit Augenmaß ausgewählt werden und die sich durch eine hohe Akzeptanz, eine hohe Kompetenz und ein mit den Grundpfeilern des Diplomatic Council übereinstimmendes Wertesystem auszeichnen. Ebenso sind Unternehmen willkommen, für die Corporate Social Responsibility weit mehr als ein-Schlagwort ist.

Sowohl der Autor des vorliegenden Werkes als auch der Herausgeber der Buchreihe sind hochgeschätzte Mitglieder des Diplomatic Council. Sie tragen mit ihrer fachlichen Expertise, ihrem persönlichen Engagement, ihrer sozialen Kompetenz und ihrem Festhalten an der Menschlichkeit als das Maß der Dinge bei allen wirtschaftlichen, gesellschaftlichen und politischen Entscheidungen wie viele andere Mitglieder maßgeblich zum weltweiten Netzwerk des Vertrauens bei, den das Diplomatic Council repräsentiert.

Die Vereinten Nationen (UNO) haben das Diplomatic Council mit dem höchsten Status, den eine Nicht-Regierungs-Organisation erreichen kann – den UN Consultative Status – in ihren engsten Beraterkreis aufgenommen. Das DC gehört in diesem Kreis zu den wenigen Organisationen, die sich nicht nur um soziale Belange, sondern auch um Wirtschaft, Wissenschaft und Technologie als Grundlage für Wohlstand und Frieden einsetzen. In diesem Sinne fungiert das DC als Stimme der wirtschaftlichen und wissenschaftlichen Vernunft bei der UNO.

Die inhaltliche Arbeit des Diplomatic Council wird sowohl durch den Rahmen der Vereinten Nationen wie die Agenda 2030 mit ihren 17 Sustainable Development Goals (SDGs) als auch durch vielfältige Initiativen seiner Mitglieder bestimmt.

Durch den UN Consultative Status kann das Diplomatic Council mit Rederecht an den UNO-Sessions teilnehmen und mit schriftlichen Eingaben seine Standpunkte vertreten. DC Mitglieder können sich als Delegierte bewerben, um an UNO-Sessions rund um den Globus (oder online) teilzunehmen. Darüber hinaus führt das Diplomatic Council regelmäßig eigene Sessions im Rahmen von UNO-Konferenzen durch.

Weitere Informationen: www.diplomatic-council.org

Über United Interim

United Interim (UI) ist das erste digitale Ökosystem im professionellen Interim Management der DACH-Region (Deutschland, Österreich, Schweiz). Für das Diplomatic Council ist United Interim daher der ideale Partner für die Fachbuchreihe „Von Interim Managern lernen".

United Interim bringt alle am Interim-Business beteiligten Parteien auf einer Online-Plattform zusammen: jederzeit, offen, direkt und provisionsfrei. Unternehmen, die einen Interim Manager bzw. eine Interim Managerin suchen, können kostenfrei qualitätsgesicherte Kandidaten über die Plattform finden, kontaktieren – und direkt mit ihnen Projektverträge abschließen. Kein Vermittler steht dazwischen.

Für Interim Manager ist die Nutzung von United Interim der Goldstandard in der digitalen Selbstvermarktung. Die offene Plattform bringt ihnen Sichtbarkeit und Relevanz – präzise bei den Zielgruppen. Ihre Dienstleistung können sie auf professionelle Weise jederzeit anbieten und ihren CV, ihr Video, Ergebnisse eines Diagnostic Tools zur Persönlichkeit, Case-Studies und Kundenreferenzen sowie Fachbeiträge über ein Blog zur Verfügung stellen. Für die Nutzung der Infrastruktur von United Interim zahlen die Interim Manager eine monatliche Flatrate.

Provider und Vermittler sowie Kapitalbeteiligungsgesellschaften und Unternehmensberater können ebenfalls – als Nachfrager nach Interim Managern – kostenlos auf die Interim Manager und Managerinnen direkt zugreifen und im eigenen Projektgeschäft einsetzen. Das bringt den Interim Managern, die sich auf United Interim präsentieren, zusätzlich weitere Projektanfragen.

Auf der Website von United Interim finden sich ebenfalls Partnerunternehmen, die geprüfte Dienstleistungen und Produkte rund um Interim Management zu günstigen Konditionen anbieten (zum Beispiel Berater für Positionierung und Unterlagen, Weiterbildung, berufsspezifische Versicherungs- und Finanzthemen oder Mobilität).

United Interim geht auf konkrete Anregungen von Kunden und Interim Managern zurück: Immer wieder wurden die Gründer Dr. Harald Schönfeld und Jürgen Becker, die als Herausgeber der vorliegenden Fachbuchreihe fungieren, gefragt, ob es denn nicht möglich sei, einfach selbst in Interim Manager-Datenbanken zu suchen und dort Projekte auszuschreiben. „*Wie bei unseren Festanstellungen wissen wir doch auch bei Projektaufgaben ganz genau, welche Fähigkeiten wir suchen! Wir wissen nur nicht, wo!*", lauteten die Aussagen der Unternehmen. United Interim ist als Antwort auf diese Anforderungen entstanden.

UNITEDINTERIM GmbH
Kohlrainstrasse 10, CH-8700 Küsnacht / ZH, Schweiz
E-Mail: info@unitedinterim.com, Web: www.unitedinterim.com